JN080072

初心者から
ちゃんとしたプロになる

HTML+CSS
標準入門

NEW STANDARD FOR HTML+CSS

おのれいこ
栗谷幸助
相原典佳
塩谷正樹
中川隼人 共著

books.MdN.co.jp

エムディエヌコーポレーション

はじめに

　働き方の多様性、性の多様性にはじまり、さまざまな「多様性」が広まってきている現代。令和になり、固定概念を捨てる勢いはさらに加速しています。

　時代に先駆けて柔軟な働き方が広まっているWeb業界ですが、Webデザイナーの仕事はとても多岐に渡ります。特にデザインとコーディングは、時代の移り変わりとともに覚えることが格段に増えており、初学者の方は「すべてを完璧にできるデザイナーにならなくては」とハードルを高くとらえがちです。

　ただ、Webという世界は進化が速いので、これから学ぼうとする方はすべてを完璧に網羅するよりも「Webデザイナーとしてどう生きていきたいか」の意識を大切にしてください。基礎を身につけたあとは「ビジュアルデザインに特化したWebデザイナー」や「コーディングが得意なWebデザイナー」などそれぞれの強みを活かした、多様な生き方があります。

　本書は、「初心者からちゃんとしたプロになる」シリーズの第2弾です。
　手に取った方は、Webデザイナーを目指す方が多いかと思いますが、趣味で自分のサイトを作ってみたい方も、デザイン特化型のWebデザイナーになりたい方も、ここまでは押さえておいてほしいというコーディングの基礎を学べる本となっています。

　Webの基本やHTML/CSSの基本を前半で学び、後半には、イチからWebサイトをコーディングする実践を5章分、5つのWebサイトの作例とともに収録しています。「学びながらすぐ実践できる」のが特徴で、前書に比べるともう少し踏み込んだことにもチャレンジしています。難しいと感じる部分もあるかもしれませんが、デザインの観点からもコーディングのコツを掴むことができるので、実際にたくさん手を動かし、表現の幅を広げていってください。

　みなさんは、どんなWebデザイナーになりたいですか？
　著者一同、みなさんの多様な生き方を応援しています。

2020年1月
著者を代表して　おのれいこ

Contents 目次

Lesson 1

Webデザインの"いま" ……………………………………… 11

Lesson 2

Webサイトを制作する準備 ……………………………… 37

Contents 目次

Lesson 5　シンプルなWebページを作る ·······153

Contents 目次

本書の使い方

本書は、WebデザインやWeb制作の初心者の方に向けて、HTML・CSSを使ったWebサイトの作り方を解説したものです。HTML・CSSの基本から学び、制作現場でもよく手掛けるタイプの5つのサイトを作っていきます。本書の構成は以下のようになっています。

① 記事テーマ

記事番号とテーマタイトルを示しています。

② 解説文

記事テーマの解説。文中の重要部分は黄色のマーカーで示しています。

③ 図版

画像やソースコードなどの、解説文と対応した図版を掲載しています。

④ 側注

POINT　解説文の黄色マーカーに対応し、重要部分を詳しく掘り下げています。

memo　実制作で知っておくと役立つ内容を補足的に載せています。

WORD　用語説明。解説文の色つき文字と対応しています。

サンプルのダウンロードデータについて

本書の解説で使用しているHTML・CSSファイルなどは、下記のURLからダウンロードしていただけます。

> https://books.mdn.co.jp/down/3219203017/

【注意事項】

- 弊社Webサイトからダウンロードできるサンプルデータは、本書の解説内容をご理解いただくために、ご自身で試される場合にのみ使用できる参照用データです。その他の用途での使用や配布などは一切できませんので、あらかじめご了承ください。
- 弊社Webサイトからダウンロードできるサンプルデータの著作権は、それぞれの制作者に帰属します。
- 弊社Webサイトからダウンロードできるサンプルデータを実行した結果については、著者および株式会社エムディエヌコーポレーションは一切の責任を負いかねます。お客様の責任においてご利用ください。
- 本書に掲載されているHTML・CSSなどの改行位置などは、紙面掲載用として加工していることがあります。ダウンロードしたサンプルデータとは異なる場合がありますので、あらかじめご了承ください。

Webデザインの "いま"

Webサイトを制作する技術や閲覧するデバイスの進化とともに、Webデザインの主流や流行も移り変わります。サイトの制作技術や表現手法の変遷をたどりながら、いま主流のWebデザインを見てみましょう。

読む　練習　制作

Lesson1 01

15 min

「Webデザイン」の これまでと現在

THEME テーマ

インターネットが広く利用されるようになってから四半世紀、その間にはWebデザインの手法も移り変わりがありました。ここではWebデザインを行うために必要なものと合わせて、Webデザインのこれまでと現在について理解をしましょう。

スキューモーフィズムとフラットデザイン

　一般家庭でいわゆる「ホームページ」が閲覧されるようになったのは1990年代半ば頃からだといわれています。WindowsやMacなどの**OS**はインターネットにアクセスする機能が強化され、1994年から1995年にはNetscape Navigator（ネットスケープナビゲーター）やInternet Explorer（インターネットエクスプローラー）といった**Webブラウザ**も登場。またインターネットへの接続を提供してくれる商用**ISP**がスタートをしたのもこの頃で、Webサイトの閲覧が広く行われるようになりました。

　その当時のWebデザインは「スキューモーフィズム」という手法に則ったデザインがとられていました。Webページ内のアイコン

WORD　OS

「Operating System（オペレーティング・システム）」の略で、パソコンやモバイル端末などのデバイスを管理・制御し、ユーザーが使用しやすくするためのソフトウェアを指す。

WORD　Webブラウザ

Webページを表示するソフトウェア。パソコンやスマートフォンなどからWebサーバーに接続し、Webサイトを閲覧する際に使用する。

図1　Apple社（日本）のWebサイトの新旧比較（https://www.apple.com/jp/）

2005年9月頃のWebデザイン。ナビゲーションや見出し、バナー画像などに立体感のある「スキューモーフィズム」の手法がとられています。

2019年11月現在のWebデザイン。立体的な効果がなく、大胆な色使いにシンプルなタイポグラフィを組み合わせた「フラットデザイン」の手法がとられています。

やボタンなどのデザイン要素に、影、重なり、質感といった効果を適用することで、私たちの身のまわりにあるものにできる限り似せる（近づける）ことで、情報の理解や使い勝手のよさを促進していました。

ただ、2010年代に入ってくると「フラットデザイン」という手法に則ったデザインが行われるようになりました。立体的な表現をなくし、ベタ塗りを基調とした配色にシンプルなタイポグラフィを合わせるこの手法は、タッチ端末との相性が良いこともありWebデザインにも急速に採用されました 図1 。

現在もこのシンプルなデザインの流れは続いていますが、若干の影や重なりの効果を加えることでデザイン的な美しさを保ちながら使用感も上げていくフラットデザイン2.0や**マテリアルデザイン**といった手法が主流となっています。

WORD ISP

「Internet Service Provider（インターネットサービスプロバイダ）」の略で、いわゆる「プロバイダ」と呼ばれるインターネット接続事業者のこと。

WORD マテリアルデザイン

2014年6月にGoogleが発表したデザインの概念で、フラットな要素に光や影、奥行き、重なりを微妙に適用したデザイン手法を指す。

Webページを形にするための2つのデザイン

デザインという言葉は「設計」と訳すことができます。したがって、Webデザインとは「Webサイトを設計する」ことでもあります。Webページを形にするためには、まず「見た目の設計」を行わなければなりません。どのような見栄えでWebページを表示したいのかをPhotoshopやIllustratorといったグラフィックツールを使用してデザインします。そしてテキスト情報や画像などの素材を用意し、Webブラウザで表示するための「構造の設計」を行います。HTMLを使用して文書構造化し、CSSで見た目や配置を指定してデザインします。

この2つデザインによって、Webページは多くのユーザーに閲覧してもらえることになります 図2 。本書は、主に後者のデザインに関するさまざまな方法を学ぶものとなります。

図2 Webページを形にするための2つのデザイン

Photoshopなどのグラフィックツールを使用して見た目のデザインを行った後（左図）、Webブラウザで表示するための構造のデザインを行うことによって（右図）、Webページはユーザーに閲覧してもらえる形になります。

Webサイトは
何でできている？

現在のWebサイトにはテキスト情報や画像はもちろんのこと、音声や動画といった素材も利用されています。Webサイトがどんな風に形作られているのか、それぞれの素材はどんな形式になっているのかを見ていきましょう。

文字情報以外に使われている素材

Webサイトは Web ブラウザを通して、さまざまな情報を発信しています。文字情報（テキスト）や写真・画像以外にも、音声や動画といった素材が利用されることもあります。それらの各素材は、ブラウザがHTMLとCSSを読み込むことで、私たちが閲覧できるWebサイトとして表示されます 図1。

文字情報についてはHTMLファイルの中に直接記述しますが、画像や音声・動画などについてはそれぞれをWebサイトに適したファイル形式で用意をした上で、HTMLファイルの中に読み込むための記述を行うことになります 図2。

図1 Webサイトを構成する素材

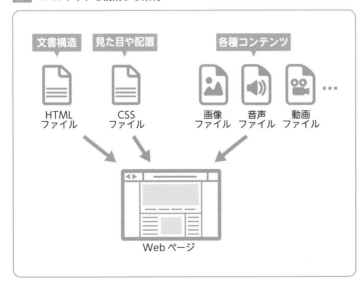

図2 素材の種類と代表的なファイル形式

素材	ファイル形式（拡張子）
HTML	HTML（.html）
CSS	CSS（.css）
画像	JPEG（.jpegまたは.jpg）／PNG（.png）／GIF（.gif）／SVG（.svg）
音声	MP3（.mp3）／WAV（.wav）／MIDI（.midi）他
動画	MP4（.mp4）／MOV（.mov）／WebM（.webm）／AVI（.avi）／WMV（.wmv）／YouTube動画の埋め込みなど
動的な効果	JavaScript（.js）

HTMLやCSSのファイル形式

　HTMLやCSSの中身はテキストでできています。HTMLは拡張子「.html」、CSSは拡張子「.css」の形式で保存すれば、コンピュータやブラウザはHTMLファイル・CSSファイルとして扱います。

　また、コンピューターで入力されるテキストは「文字コード」と呼ばれるルールにもとづいて表示されています。日本語を扱う文字コードとしては「UTF-8」「Shift_JIS」「EUC-JP」などがありますが、日本語のWebサイトを作成するのであれば、文字コードは「UTF-8」を指定しておけば、ほぼ問題ありません。HTMLファイルやCSSファイルの中に文字コードを指定する記述を行い、ファイルの保存時にも同一の文字コードで保存するようにしましょう。

画像の単位と色の扱い

　Webサイトはデバイスの種類を問わずディスプレイで表示をすることになるため、画像のサイズ（幅や高さ）に関しては「ピクセル（pixel）」と呼ばれる単位で管理します。1インチ（2.54cm）あたりにいくつのピクセルを並べるのかを示すものを「解像度」と呼び、「ppi（ピーピーアイ）」という単位で表します。Webサイトで使用する画像の一般的な解像度は「72ppi」となります。

　また、Webサイトで使用される画像のファイル形式については「JPEG（ジェイペグ）」「PNG（ピング）」「GIF（ジフ）」の3種類が主に使用されます。使用したい用途に合わせて適切なファイル形式

！ POINT

解像度の単位であるppiは「pixel per inch」の略でコンピューターで使われる単位です。また、印刷物の解像度を表す単位であるdpiは「dots per inch」の略ですが、どちらもほぼ同じ意味で捉えて問題ありません。

を選択する必要があるので、それぞれの特徴を理解しておきましょう 図3 。

図3 画像形式ごとの特徴

ファイル形式	圧縮方式	色数	透明	適した用途	デメリット
JPEG	非可逆圧縮	16,777,216色	扱えない	・写真 ・色数の豊富なもの	・元の画像に戻せない ・透過を扱えない
PNG-8	可逆圧縮	256色	扱える	・色数の少ないもの （ロゴ、アイコンなど） ・透過の必要なもの	・扱える色数が限られる
PNG-24	可逆圧縮	16,777,216色	扱える	・色数が豊富で透過の必要な もの（イラストなど） ・画質を落としたくないもの	・容量が重くなりがち
GIF	可逆圧縮	256色	背景透過	・色数の少ないもの ・GIF アニメーション	・扱える色数が限られる ・カラープロファイルを埋 め込めない

　そして、Webブラウザで表示できるベクター画像（計算処理によって色や曲線を表現する画像）のファイル形式として、近年使用されることが多いのが「SVG（エスブイジー）」です。SVGは「拡大縮小をしても画質が粗くならない」などの特長から、さまざまな端末用の画像を1つのファイルで補えるメリットがありますので、必要に応じて使用しましょう 図4 。

図4 「PNG（ビットマップ画像）」と「SVG（ベクター画像）」の比較

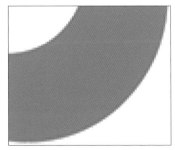

「PNG」などのビットマップ画像は、拡大すると ギザギザに粗くなってしまいます。

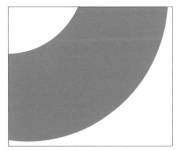

「SVG」はベクター画像のため、拡大しても粗 くなりません。

　さらにカラーモード（色の表現の仕組み）については、ディスプレイが光で色を表現することから光の三原色である「**RGB**」モードを使用します。Webサイトで使用する写真やロゴ・イラストなどの画像データはすべてRGBで作成し、またCSSなどで色指定をする場合もRGBの値を使用するようにしましょう。

WORD ▶ **RGB**

光の三原色である「Red：赤」「Green：緑」「Blue：青」の頭文字で表記するカラーモードのこと。印刷物の場合には、色の三原色である「Cyan：シアン」「Magenta：マゼンタ」「Yellow：イエロー」に「Key plate：黒」を加えた頭文字で表記する「CMYK」モードを使用する。

Lesson1 03 〔15 min〕

Webサイトの ベースとなる技術

THEME テーマ

WebページをWebブラウザで表示するためには、すべての情報をHTMLを使って文書構造化し、CSSで見た目や配置を指定する必要があります。ここでは、HTMLやCSSの仕組みなどについて理解をしていきましょう。

HTMLの標準仕様の策定

Webブラウザに情報を表示するためには、情報構造や意味を伝えるための文書である「HTML（HyperText Markup Language）」が必要となります。

HTMLにはバージョンがあり、最新バージョンは「HTML5」となりますが、実はこれまでHTMLの標準仕様にはW3CとWHATWGという2つの団体が別々に公開しているものが併存しており、しかも一部の仕様がそれぞれで異なっていたため混乱を招いていました。

ところが両者の歩み寄りがあり、W3CはHTMLとDOMに関する標準策定をやめ、今後はWHATWGが策定するリビングスタンダードがHTMLとDOMの唯一の標準となる合意を、2019年5月に発表しました。今後はWHATWGのリビングスタンダードを参照してWeb標準を進めていくことになります 図1 。

WORD W3C

ダブリュースリーシー。「World Wide Web Consortium」の略。World Wide Web（WWW）の考案者の一人であるティム・バーナーズ＝リー氏によって設立された団体。

WORD WHATWG

ワットダブルジー。「Web Hypertext Application Technology Working Group」の略。Webブラウザを開発するApple、Google、Microsoftなどに所属するメンバーで構成される団体。

WORD DOM

「Document Object Model」の略で、HTMLやXML文書のためのプログラミングインターフェイスのことを指す。プログラムが文書構造、スタイル、内容を変更することができる。

図1 WHATWGのリビングスタンダード（英文）

WHATWGが定めるHTMLの標準仕様。
「HTML Living Standard」（https://html.spec.whatwg.org/multipage/）

📝 **memo**

HTML標準仕様の策定について、W3CとWHATWGが合意したことを伝える公式記事が、W3Cのサイトで閲覧できます。

・HTML標準仕様の策定についてW3CとWHATWGが合意（英文）
https://www.w3.org/blog/news/archives/7753

ベースの技術であるHTMLとCSS

　Webページのすべての情報はさまざまな意味を持ったHTMLタグでマークアップすることで、人間だけでなくコンピューターにも理解できるものとなります。そして、それらの情報へ装飾・配置を施して視覚的にもわかりやすくするものが「CSS（Cascading Style Sheets）」です。前述の通り、Web標準の仕様に関してはWHATWGが策定するリビングスタンダードを参照することになりますが、最新の仕様にあるものすべてが一様に、あらゆるWebブラウザに対して有効であるかといえば、そうではありません。

　HTMLやCSSの解釈は、Webブラウザの種類やバージョンにより異なります。使用したいHTMLやCSSの記述がどのWebブラウザでサポートされているのかについて調べることができるWebサイトもあるので、しっかりとチェックした上で使用するようにしましょう。

　またCSSの最新の仕様であるCSS3に関しては現在の多くのWebブラウザではサポートをしていますが、古いバージョンのWebブラウザなどはサポートが十分ではない（独自の拡張機能として実装している）場合があります。そのような場合には、プロパティや値の先頭に「ベンダープレフィックス」と呼ばれる接頭辞をつけて記述をすることで対応をします。必要に応じて記述をするようにしましょう 図2 図3 。

> **memo**
> HTMLやCSSのサポート状況について、各ブラウザのバージョン別にチェックできる代表的なサイトが下記です。
> ・Can I use... Support tables for HTML5, CSS3, etc
>   https://caniuse.com/

図2 ベンダープレフィックスと対応ブラウザ

接頭辞	対応ブラウザ
-webkit-	Google Chrome、Safari、Microsoft Edge
-moz-	Firefox
-ms-	Internet Explorer

図3 ベンダープレフィックスの書き方

```
.content {
  display: -webkit-flex;
  display: -moz-flex;
  display: -ms-flex;
  display: flex;
}
```

ベンダープレフィックスをつけない記述を一番最後に書きます。ここでは解説上、すべてのベンダープレフィックスを記述していますが、現在「display: flex;」は各ブラウザの最新バージョンでサポートされているため、ベンダープレフィックスは不要です。IE10に対応させるには「-ms-」だけを記述します。

Lesson1 04

15 min

Webページの動的表現を担う JavaScript

Webサイトで使われている動的な表現の多くはJavaScriptで実現されています。ここではJavaScriptの概要や、JavaScriptを実装する際に利用されるライブラリやフレームワークがどのようなものかを理解しておきましょう。

Webページで動的表現を実装する定番の技術

最近のWebサイトには「メインビジュアルとして強調したいコンテンツをカルーセル表示する」、「モーダルウィンドウで拡大写真を表示する」、「ページ下部にあるボタンをクリックすると、ページ上部へアニメーションしながら移動する」といった動的表現が使われています 図1。

JavaScriptの最大のメリットは、 ! ほぼすべてのWebブラウザで動作をすることです。Webブラウザに拡張機能などを追加することなく、パソコン・モバイル端末を問わず、ほぼすべてのWebブラウザで同じように動作をすることが長く利用されている理由であり、これは続いていくでしょう。

WORD カルーセル

回転木馬を意味する「carousel」の日本語表記。同様の意味として「スライドショー」「スライダー」といった言葉を使用することもある。

WORD モーダルウィンドウ

ウィンドウの内側に開く子ウィンドウで、子ウィンドウの動作を終了させなければ親ウィンドウの操作に戻れないようなものを指す。最近のWebサイトではサムネイル写真をクリックすると、背景が半透明の黒で覆われて、拡大写真のウィンドウが画面中央に表示されるような表現をよく使ってる。

! POINT

CSSの最新仕様ではアニメーションの設定もできるようになりましたが、Webブラウザの種類やバージョンによっては上手く動作するかどうかはまちまちです。安定した動作をさせたいのであれば歴史のあるJavaScriptで実装することになります。

図1 JavaScriptを用いた動的表現例

メインビジュアルのカルーセル表現

ページ上部にアニメーションスクロールするボタン

JavaScriptの記述で知っておくべきこと

Webページに JavaScript を実装する方法には「直接定義」「外部定義」の2つがあります。直接定義は、HTML ファイルの中に直接 JavaScript のコードを記述する方法です 図2。「外部定義」は、JavaScript のコードを記述した JavaScript ファイルを HTML ファイルとは別に作成し（拡張子は「.js」）、そのファイルを HTML ファイルに読み込みます 図3。

WORD コード

略号や記号、暗号を意味する。コンピューター用語としては、プログラミング言語やマークアップ言語などを用いて記述されたもの。「ソースコード」とも呼ぶ。

図2 JavaScriptの直接定義

```
<script> (ここに JavaScript のコードを記述) </script>
```

HTMLファイルの中でscript要素を使って、開始タグと終了タグの間にJavaScriptのコードを記述します。

図3 JavaScriptの外部定義

```
<script src=" (パスとファイル名を記述) "></script>
```

HTMLファイルとは別に、JavaScriptのコードを記述したJavaScriptファイルを作成して、HTML内でscript要素のsrc属性の値にJavaScriptファイルのある場所のパスとファイル名を記述します。

JavaScript のコードの記述には、半角英数字と「{ }（中カッコ、波カッコ）」や「( )（小カッコ、丸カッコ）」などの記号を使用します 図4。また変数名や関数名に任意の名前を定義する際には、半角英数字と「_（アンダースコア、アンダーバー）」や「$（ドルマーク）」などの記号を使用します（ただし、先頭に数字を使うことはできません）。

JavaScript は大文字と小文字を区別するので、記述違いのないように気をつけましょう。命令の最後には「;（セミコロン）」を記述します。1つの命令を1行で記述をする場合には省略も可能ですが、バグの原因にもなるので記述するようにしましょう。

図4 JavaScriptの記述例

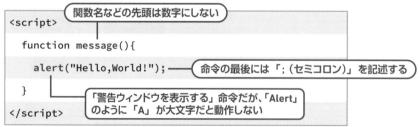

「alert()」は『警告ウィンドウを表示する』という動作を促すメソッドという命令です。丸カッコの中には表示をしたいメッセージを「"（ダブルクォーテーション）」で囲んで記述しますが、そのメッセージについては日本語を記述してもかまいません。

ライブラリやフレームワークの利用

Webページに JavaScript を実装する際、JavaScript のコードをイチから記述して実装する（「フルスクラッチ」と呼びます）こともあれば、ライブラリやフレームワークを利用する方法もあります。さまざまなライブラリやフレームワークの中でも長く使用されているものが「jQuery」という JavaScript ライブラリです 図5 。

JavaScript を実装する方法には 2 つのやり方があることを前述しましたが、実はライブラリやフレームワークと呼ばれるものは外部定義された JavaScript ファイルとして配布されていて、それらの JavaScript ファイルを HTML に読み込むことによって実装したい動的表現を効率よく組み込みます。

本書でこの後紹介をしていく、さまざまな Web サイト制作演習の中でも jQuery を使用したいくつかの動的表現の実装を行いますので、動きをつけることの楽しさを実感してみてください！

WORD ライブラリ

汎用性の高い複数のプログラムを再利用可能な形でひとまとまりにしたもの。それ単体ではプログラムとして作動させることはできないが、他のプログラムに何らかの機能を提供することができるコードの集まりを指す。

WORD フレームワーク

汎用的で再利用可能なクラスやライブラリ、モジュール、API などと、ソフトウェアの主要部分の雛形（テンプレート）としてそのまま利用できるものを指す。

図5 代表的なJavaScriptライブラリ「jQuery」

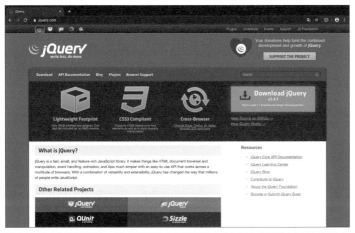

Webサイトの制作現場でも、手軽に動的な表現を取り入れられるライブラリとしてよく使われています。
https://jquery.com/

Webページでのフォントの表示とWebフォント

THEME テーマ

文字のデザイン（書体）のことを「フォント」といいます。ここでは、Webページで使われる基本的なフォントの表示の仕組みと、さまざまなメリットがある「Webフォント」について理解をしていきましょう。

Webページ上でのフォントの表示

Webページの文字を特定のフォントで表示するには、CSSでフォント指定を行います。WebブラウザはCSSファイル内での指定に従い、端末にインストールされているフォントを呼び出し表示するのですが、端末のOSの種類やバージョンによってあらかじめインストールされているフォントが異なるため、作り手の意図するフォントで表示ができない場面がみられました 図1 。そのため、どうしてもデザイン性の高いフォントで文字を表示したい場合には 画像にして配置するなどの方法をとっていました。

WORD 端末

「デバイス」ともいう。広義ではネットワークに接続され、データの入力・出力などの操作を行う装置。Webサイトの制作上は「デバイス」とも呼び、パソコンやタブレット、スマートフォンなどのWebサイトを閲覧する機器を指すことが多い。

! POINT

文字を画像にして配置した場合、文言の変更が発生するたびに画像を書き出してファイルを置き換える必要があり、テキストを変更するよりも運用時に手間がかかることになります。

図1 基本的なフォント指定

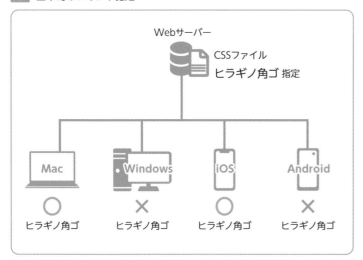

たとえばCSSでフォント「ヒラギノ角ゴ」を指定した場合、端末のOSの種類やバージョンにより表示できる端末と表示できない端末が出てしまいます。

Webフォントの登場

そのような本来のフォント指定の不便な部分を解決するために登場をしたのが、CSS3から策定された「Webフォント」という技術です。Webフォントは、Webページを読み込む際に同時にネットワーク上にあるフォントデータをダウンロードすることにより、どの端末で見ても指定をしたフォントで表示をすることができる手法です 図2 。Webフォントを使用することで、画像に頼らずデザイン性の高いフォント表現を行うことができます。

文字情報は検索エンジンのクローラーが情報収集をしてくれることからSEO的な効果も高く、端末の画面サイズに応じて折り返しなども行われるため、Webフォントを使用するメリットは大きいといえるでしょう。

Webフォントを使用する際には、基本的にはWebフォントサービスを利用します。Webフォントサービスには有料のもの・無料のものがありますが、有料サービスとしてはフォントメーカーのモリサワが提供する「TypeSquare」やAdobe Creative Cloudの契約者であれば追加料金なしに利用できる「Adobe Fonts」などが挙げられます。無料サービスとして広く利用されているのはGoogleが提供する「Google Fonts」です。

無料サービスは手軽に導入できるメリットがありますし、有料サービスはフォントの種類が豊富であるメリットがあります。用

図2 Webフォントによるフォント指定

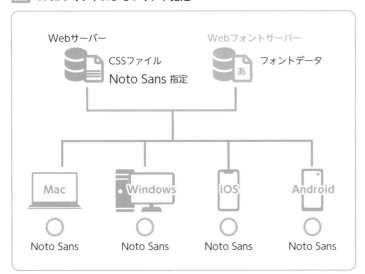

ネットワーク上にあるフォントデータをダウンロードすることにより、どの端末で見ても指定をしたフォントで表示をすることができます。

途に合わせて選択をするとよいでしょう図3。本書では、Lesson7-03（216ページ）以降でGoogle Fontsを使用する方法を紹介して行きます。

図3 代表的なWebフォントサービス

TypeSquare（https://typesquare.com/）

Adobe Fonts（https://fonts.adobe.com/）

Google Fonts（https://fonts.google.com/）

レスポンシブWebデザインの制作手法

THEME テーマ

閲覧する端末に応じて、Webページのレイアウトを変更したり、コンテンツの表示・非表示を切り替えたりなどの適応を行う技術を「レスポンシブWebデザイン」といいます。その概念や制作手法を見ていきます。

レスポンシブWebデザインとは

　Webサイトは当初、デスクトップPCなどのパソコンで閲覧するものでしたが、現在はそれに加えてスマートフォンやタブレットなどのモバイル端末などでも閲覧されるようになりました。

　そのように多様化した端末に合わせて個別にWebページを作成することは非常に効率が悪く、手間もかかってしまいます。そこで生まれたWebサイト制作の考え方が「レスポンシブWebデザイン」です。レスポンシブWebデザインは、ひとつのHTMLファイルをCSSファイルで制御することで、端末の画面サイズに合わせたWebデザインで表示を行います 図1 図2 。

図1 レスポンシブWebデザインの仕組み

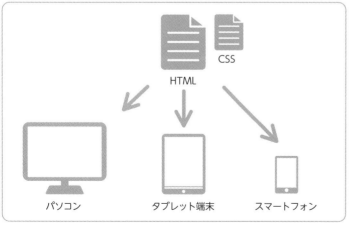

1つのHTMLファイルをCSSファイルで制御することで、さまざまな端末に適応したWebデザインを表示するのがレスポンシブWebデザインです。

図2 レスポンシブWebデザインの表示例（左：スマートフォンでの表示、右：PCでの表示）

表示する端末に合わせて、レイアウトやナビゲーションが変化しているのがわかります。

レスポンシブWebデザインの制作手法

　レスポンシブWebデザインに対応したWebページを制作する上で理解をしておかないといけないものに「ビューポート（viewport）」と「ブレイクポイント」があります。

ビューポートの指定

　ビューポートはWebページを表示する領域のことで、PCのWebブラウザでいえばアドレスバーやタブなどのインターフェイス部分を除くブラウザの画面の領域を指します。

　では、モバイル端末のWebブラウザについてはどうでしょう？モバイル端末の画面はPCに比べて小さいのが一般的です。その小さな画面でPC向けに作られたWebページを表示するとWebページの一部しか表示されず、隠れた部分はスクロールするなどして閲覧しなければならなくなります。そのため、モバイル端末のWebブラウザではビューポートを実際の画面サイズよりも大きく解釈するように設定されており、画面に収まるように全体を縮小して表示するようになっています。ところが、そのことでモバイル端末向けにデザインされたWebページも縮小して表示してしまうことになります。そこで、**図3** のようにHTMLのmeta要素を使って、モバイル端末のWebブラウザでもWebページが等倍で表示されるように指定します。

図3 meta要素でname属性の値に「viewport」を指定する

```
<meta name="viewport" content="width=device-width, initial-scale=1">
```

content属性の値にはビューポートに関するさまざまな値をカンマ区切りで設定することができます。「width」はビューポートの横幅を指定するもので「device-width」はデバイスの画面の横幅を表します。「width=device-width」と記述することで、ビューポートの横幅とデバイスの横幅を揃えます。「initial-scale」は表示倍率を指定するもので「1」の値は等倍で表示することを表します。これらの記述をすることで、モバイル端末のWebブラウザでもWebページが等倍で表示がされるようになるわけです。

ブレイクポイントとメディアクエリ

次に知っておくべきものが「ブレイクポイント」です。ブレイクポイントはレスポンシブWebデザインでレイアウトを切り替える際の画面幅のサイズを指します。ブレイクポイントとして設定すべき幅に絶対的な決まりはありません。というのも、デバイスにはさまざまな種類があり、その画面幅（Webブラウザ上の横幅）についてもさまざまなサイズがあるからです。

スマートフォンの画面幅は320px〜414px、タブレットの画面幅は600px〜834pxのような範囲ですので、それぞれに最適なブレイクポイントを指定するならば、その範囲の中で決定をすればよいでしょう。iPadなどのタブレットで一番多い画面幅が768pxということもあり、モバイル端末用とPC用の大きく2つのレイアウトを切り替えるレスポンシブWebデザインを行う場合には、ブレイクポイントとして768pxを設定することが多いようです。ただ、繰り返しになりますが、ブレイクポイントの数と値に決まりはありませんので、 ! 状況に応じていろいろな値を検討してみるとよいでしょう。

そして、こうしたブレイクポイントの値によって適用するスタイルを切り替えるCSSの技術が「メディアクエリ」です。「@media screen and (条件指定) {〜}」のように記述し、{〜}の中に条件に合わせたCSSを記述します 図4 図5 。

本書では、Lesson6（173ページ）以降でレスポンシブWebデザインに対応したWebページの制作を行っていきます。

memo
content属性で設定できるビューポートに関する値には、他にも「minimum-scale（最小倍率）」「maximum-scale（最大倍率）」「user-scalable（ズーム操作の可否）」などがあります。

POINT
スマートフォンやタブレットなどのモバイル端末は横向きで使用することもできます。もしモバイル端末を横向きで使用した場合、縦向きでの画面の高さが画面幅になります。つまりブレイクポイントの候補も増えるということになるわけです。どの程度の画面幅に対応するレスポンシブWebデザインにするかの判断は本当に難しいものだといえます。

図4 メディアクエリの記述の仕方

```
@media screen and (max-width: 767px) { ここに画面幅
767px までの CSS を記述 }

@media screen and (min-width: 768px) { ここに画面幅
768px 以上の CSS を記述 }

@media screen and (min-width: 375px) and ( max-
width:980px) { ここに画面幅 375px ～ 980px の CSS を記述 }
```

「max-width」は領域幅の最大値、「min-width」は領域幅の最小値を指定するものです。

図5 メディアクエリの記述例

```
.header {
  position : relative;
  padding : 15px 0 0;
  background-color : #fff;
}

@media screen and (min-width: 768px) {
  .header {
    padding : 0;
  }
}
```

「.header」に対してベースとなるスタイルを記述した後、メディアクエリで幅が「768px以上」になった場合に上書きするスタイルを指定しています。

Webページのレイアウトと その表現手法

THEME テーマ

Webページのレイアウトにはさまざまな形のものがありますが、定型的なパターンもいくつか存在します。レイアウトを表現する手法は時代とともに変遷していくため、以前主流だった手法なども含めて知ると理解が深まるでしょう。

レイアウトの役割と主なパターン

Webページをレイアウトする目的は、サイトに掲載する文字や画像・動画などの情報を「視覚的に整理すること」にあります。情報の種類や目的にあった最適なレイアウトを行うことで、情報をよりわかりやすく正確にユーザーへ伝えることができるのです。

Webページのレイアウトは多種多様なように見えて、いくつかのパターンに分けることができます 図1 。

! POINT

Webデザインを行う上で「どのようなレイアウトにするのか」はとても重要な要件です。コーポレートサイトであれ、ECサイトであれ、すべてのWebサイトに共通する役割は「情報をよりわかりやすく正確に伝えること」にあります。サイトを通して発信したい情報の種類や目的に応じて適切なレイアウトを選ばないと、情報を適切な形で伝えることはできません。

図1 Webページの主なレイアウトパターン

ヘッダー	ヘッダー
ナビゲーション	ナビゲーション
コンテンツ	コンテンツ / サイドバー
フッター	フッター

シングルカラムレイアウト　　　マルチカラムレイアウト　　　グリッドレイアウト(カードレイアウト)

コンテンツ

フルスクリーンレイアウト

シングルカラムレイアウト

まず、最近よく見られるレイアウトが「シングルカラムレイアウト」です。ヘッダー・ナビゲーション・コンテンツ・フッターなどの領域を縦に並べる配置です。レスポンシブWebデザインが全盛の現在において、PC向け・モバイル端末向けへの対応がしやすく、スクロールしていくことで情報をたどっていける見やすさもあります。質の高いデザインでスクロールに合わせたアニメーション効果なども実装した「高級ペライチ」と呼ばれる縦に長いWebサイトも多く見られます。

マルチカラムレイアウト

これまでのWebページのレイアウトの定番といえば「マルチカラムレイアウト」でしょう。コンテンツ部分を段組することで、メインコンテンツの領域とサブコンテンツやバナーなどを配置するサイドバーの領域を左右に分ける2カラム、メインコンテンツの両脇にサイドバーの領域を置く3カラムなどのレイアウトがあります。多くの情報を整理した状態で配置できることもあり、コーポレートサイトをはじめ、多くのWebサイトで採用されています。

グリッドレイアウト

次に挙げられるのが「グリッドレイアウト」です。コンテンツをタイル状に並べるレイアウトで「カードレイアウト」とも呼ばれます。コンパクトにまとめたコンテンツを一覧できる形で配置することができるので、ギャラリーサイトやECサイト、SNSなどで多く見られます。

フルスクリーンレイアウト

そして、Webブラウザの画面いっぱいに写真や動画の背景を配置してコンテンツを見せる「フルスクリーンレイアウト」も最近多く見られるレイアウトです。質の高い写真や動画を使用することでブランドイメージを高める効果があり、アーティストのプロフィールサイトや特定の商品やサービスの紹介サイトなどで採用されることが多いレイアウトです。

WORD　カラム

「column」の日本語表記で、縦方向の列を意味する。レイアウトにおいてのカラムは、縦方向のまとまりである「段組」を指す。

レイアウトの表現手法と流行の変遷

　ここまで紹介をしてきたレイアウトパターンを見ると、レイアウトとはコンテンツごとの領域（ボックス）を作り、それらを縦方向や横方向に並べることで表現していることがわかります。それでは、そのような表現はどのような技術を使って行っているのでしょうか 図2 。

テーブルレイアウト

　まず最初に使用された技術がHTMLのtable要素です。1990年代後半から2000年代初頭にかけては、まだまだCSSが本格的に使用されていない時代でした。そこで、表組みを行うための要素であるtable要素を使い、境界線を非表示にした目に見えない表（テーブル）を作り、その中にコンテンツを配置する手法をとりました。この手法を「テーブルレイアウト」と呼んでいました。

　table要素はWebブラウザの種類やバージョンを問わず解釈できることもあって、クロスブラウザ対応もしやすいものでしたが、そもそもtable要素自体はレイアウトをするためのものではないこと、Webブラウザでの表示負荷が高かったことなどもあり、CSSによるレイアウトが一般的になってくると、一気に「CSSレイアウト」へと切り替わっていきました。

floatレイアウトからFlexboxへ

　そのCSSレイアウトを行う際に使用された技術がCSSのfloatプロパティです。floatプロパティは、指定された要素を左または右に寄せて配置するものです◯。このfloatプロパティを使用し、コンテンツのボックスを右や左に寄せることで段組を表現しました。この手法は2010年代半ばまで実に10年ほどの長きに渡って使用されてきました。ただ、floatプロパティによる寄せ（回り込み）の解除の際にレイアウト崩れが起こる場合があるなど、CSSの記述が複雑になる面も多く見られました。

　そこに登場してきたのがCSS3の新機能であるFlexboxです。CSSのdisplayプロパティの値に「flex」を指定することで表現をするFlexboxレイアウトは、コンテンツのボックスを容易に横並びにしたり、左寄せ・中央寄せ・右寄せにしたりといったレイアウトを簡潔な記述で実現できます。2015年頃から使われるようになったFlexboxは現在のWebページのレイアウト手法の主流となっています。

WORD　クロスブラウザ

Webページが主要な複数のWebブラウザに同じように対応していることを指す。1990年代後半から2000年代初頭にかけては「Internet Explorer」と「Netscape Navigator」が二大ブラウザといわれ、その2つのWebブラウザで同じように表示されるWebサイト制作が求められた。

80ページ、Lesson3-06参照。

Grid レイアウト

さらに自由度の高いコンテンツの配置を行うことができる技術がCSS3の新機能であるGridです。CSSのdisplayプロパティの値に「grid」を指定することで表現をするGridレイアウトは、「Grid（グリッド）＝格子」が表す通り、縦と横に区切った格子状のコンテンツ配置を指定できる点が優れています。Flexboxは一次元レイアウト・Gridは二次元レイアウトと表現されるのですが、Flexboxが一方向にボックスを並べることでレイアウトをするのに対して、Gridはコンテンツを配置する領域を横方向・縦方向に分割してレイアウトします。

これからのWebページのレイアウトは、必要に応じてFlexboxとGridを使い分けてレイアウトしていくことになるでしょう。

memo
本書では、Lesson6（173ページ以降）でFlexboxやGridを使用したWebページのレイアウトを行っていきます。

図2 レイアウト手法の変遷

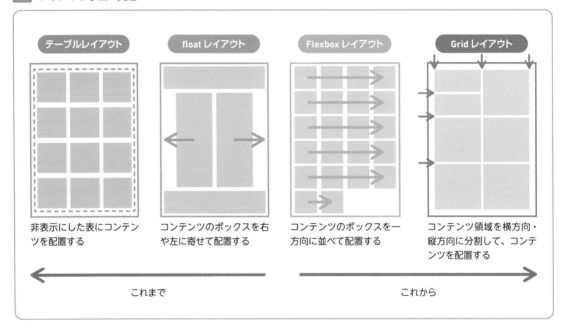

テーブルレイアウト　非表示にした表にコンテンツを配置する

floatレイアウト　コンテンツのボックスを右や左に寄せて配置する

Flexboxレイアウト　コンテンツのボックスを一方向に並べて配置する

Gridレイアウト　コンテンツ領域を横方向・縦方向に分割して、コンテンツを配置する

これまで　　これから

memo
ここでは、レイアウトパターンとしての「グリッドレイアウト」と表現手法としての「Gridレイアウト」という同じ読みの言葉が使われていますが、前者は格子状に並べられたレイアウトを表すのに対して、後者はCSS3の機能であるGridを使用したレイアウトを表しています。グリッドレイアウトという言葉が使用されるときには、どちらの意味で使われているのかを文脈から読み取るようにしましょう。

Lesson1 08 作業を効率化する技術やツール

THEME テーマ　制作現場では、Webサイトの制作作業を効率化するためにさまざまな技術が取り入れられています。データ管理やCSSコーディングを効率的に行うための技術や、繰り返し作業の効率化を図るツールを紹介します。

■ データの「バージョン管理」の基本

　Webサイトを制作する過程では、データは常に更新されます。例えば、HTMLやCSSを記述しWebページのベースを完成させる。次にJavaScriptを実装して動的表現を加える。さらに、コンテンツを追加したり更新をしたりする。このような工程の中で、データは更新をされていくわけです。

　では、制作の過程で一定の工程までは正しく表示されていたけれども、ある更新を加えた際に表示が崩れたり動作不良を起こしてしまった場合はどうするでしょうか？　そのような場合には、正しく表示されていたところまで戻って作業をすることになります。そのために、たとえば、一日の作業分のデータを、フォルダ名に日付を含めたフォルダに格納してアップし、それを日々繰り返すことでデータを管理していきます 図1。もし問題が発生した場合には、正しく表示されていた日のデータまで立ち戻り作業を続けていくわけです。これが一番基本的なバージョン管理の方法となります。

図1 基本的なバージョン管理の一例

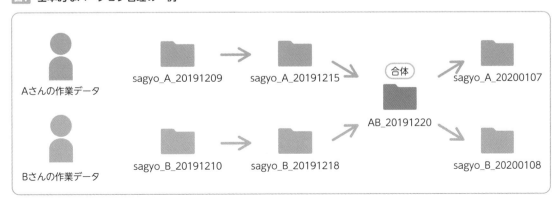

データ管理を効率化するバージョン管理システム

前述のような方法だとファイル数や更新回数が多くなったり、更新に関わる人数も増えてきたりすると、🖉ファイルをバージョンごとに正確に管理することが難しくなってしまいます。そこで登場したのが「バージョン管理システム」です。

バージョン管理システムは、作成をしているそれぞれのファイルに加えられていく変更の履歴を自動で記録・管理します。いつ・誰が・どのようにファイルを変更したかをすべて記録するので、ファイルを以前の状態にいつでも戻せるようになります。

代表的なバージョン管理システムとして「Subversion（サブバージョン）」や「Git（ギット）」があります。特に近年は機能性や使い勝手の良さからGitが広く利用されています 図2。また、Gitを利用する開発者を支援する「GitHub（ギットハブ）」というWebサービスもあります 図3。無料で利用できるプランもありますので、必要に応じて利用してみるとよいでしょう。

! POINT

一定の規模のサイト制作では、扱うファイルやデータの数が増えるだけでなく、同一ファイルに対して複数の人が同時に変更を加えるような場面も出てきます。このような場合、ファイル名やフォルダ名に日付をつけるバージョン管理の方法では立ち行かなくなるでしょう。

📝 memo

元々Gitはコマンドによって操作するプログラマ向けのシステムでしたが、最近ではコマンド操作が不慣れな人でもGitを利用できるようなアプリケーションが普及しています。

図2 代表的なバージョン管理システム「Git」

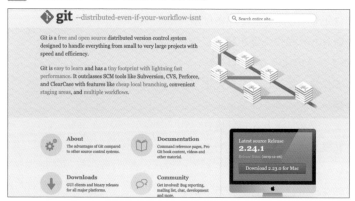

https://git-scm.com/

図3 Gitとともに利用されることの多い「GitHub」

https://github.co.jp/

CSSのコーディングを効率化する「Sass」

「Sass（Syntactically Awesome Style Sheets）」はRuby製のCSSメタ言語です。SassはCSSを効率的に記述できるように設計・開発された言語で、通常のCSSの記法では複雑になってしまうような記述を、わかりやすく簡潔に記述することができます。具体的には次のようなことが可能になります。

- ネスト（入れ子）でのセレクタの記述ができる
- 変数や条件分岐、繰り返しなどが使用できる
- mixinが使用できる

コードの書き方としては「SASS記法」と「SCSS記法」の2つがありますが、SCSS記法のほうが通常のCSSの記法に近く、また通常のCSSを合わせて書くこともできるので便利です。SassはRuby製のCSSメタ言語であることから、その導入にはRubyをインストールするなど、環境を整える必要があります。

Sassで記述をしたものは、通常のCSSの記述に変換をしてWebブラウザに理解させる必要があります。この変換作業を「コンパイル」といいます。少し複雑な面もありますが無料で用意できるものですので、CSSの記述の効率化を図りたいときには導入を検討してみるとよいでしょう 図4 。

> **WORD** mixin
>
> CSSの記述をひとまとまりにしておき、その記述が必要なところから何度でも呼び出すことができる関数のような使い方ができるもの。よく使用するスタイルを@mixinで定義しておけば、何度でも呼び出せることでCSSの記述を簡潔にすることができ、更新性も高まる。

図4 CSSを効率的に記述する「Sass」

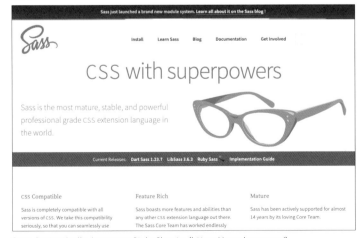

Sass: Syntactically Awesome Style Sheets（https://sass-lang.com/）

繰り返しのタスクを自動化する「タスクランナー」

サイトの制作作業を進める中では、同じような作業（タスク）を繰り返し行う場面があります。Webサイトの規模や数が増えてくれば、そのようなタスクはさらに増えていきます。そこで、繰り返しのタスクを自動化してくれるものが「タスクランナー」です。

タスクランナーを導入することで、次のような繰り返し作業を自動化できます。

- cssのプロパティを並べかえる
- cssにプレフィックスをつける⊕
- Sassをコンパイルする
- 画像・css・JavaScriptを圧縮する

18ページ、**Lesson1-03**参照。

また、タスクランナーは自動化の環境を他の人と共有することができるので、複数人でWebサイト制作を行う際にも作業効率が高まります。代表的なタスクランナーとしては「Gulp」「Grunt」などがあります。それぞれに特徴がありますので、自分に合うものを選択して導入してみるとよいでしょう 図5 。

ここで紹介をした「バージョン管理」「Sass」「タスクランナー」は、細かな導入方法や使用方法については本書では扱いませんが、本書で学んだものを効率化していく上で将来的に導入をする場面が出てくるかもしれませんので、概要やメリットについては理解をしておくようにしましょう。

図5 代表的なタスクランナー

Gulp（https://gulpjs.com/）

Grunt（https://gruntjs.com/）

Webサイトを制作する準備

HTMLやCSSのソースコードを書きはじめる前に、Webサイトを制作・公開するための仕組みを学びましょう。どんな道具（アプリケーション）を揃えて、何をどのように進めていくかを解説します。

読む 〉　練習 〉　制作 〉

WebブラウザにWebサイトが表示される仕組み

Lesson2 01

THEME
テーマ
HTMLファイルやCSSファイルなど、Webサイトのデータを解釈して、私たちが閲覧できるようにするのが「Webブラウザ」です。OSなどによって異なるWebブラウザの種類や違いについて理解しましょう。

開発元やOSでさまざまなWebブラウザがある

WebサイトはHTMLファイルやCSSファイル、JavaScriptファイル、そして画像ファイルなどのデータから構成されていますが、それらのデータを適切に解釈して表示するのが「Webブラウザ」というアプリケーションです。

Webブラウザは1つだけではなく、開発元やOSによってさまざまなものがあります。パソコンかスマートフォンかなどの端末やWindows ／ MacなどのOSでも違いますし、付属する機能や使い勝手もブラウザによってさまざまです。

WebブラウザがHTMLやCSSなどのデータを解釈して表示することを「レンダリング」と呼びます。ブラウザの種類によってレンダリングの解釈に違いがあるため、同じWebページでも閲覧するブラウザによって表示に違いが出ることがあります 図1。

本書で使用するWebブラウザ

Webブラウザの種類について見ていきましょう。パソコン用としてはMacならSafari、WindowsならMicrosoft Edge、Internet Explorer（IE）などが代表的で、それらはOSに最初からインストールされているWebブラウザでもあります。また、Mac、Windowsのどちらにも提供されているブラウザとしてGoogle Chrome、Firefoxなどがあります。1台のパソコンに複数のブラウザをインストールして使うことも一般的です。

スマートフォンにもWebブラウザはあり、iPhoneならSafari、AndroidならGoogle Chromeが最初からインストールされています。パソコンと同様に、各スマートフォンOSに対応しているWebブラウザを別途インストールして利用することもできます。

! POINT

バージョンの古いブラウザや、開発を終えたブラウザでWebサイトを閲覧すると、制作者側が意図していない形でレンダリングされ表示されてしまう場合もあります。

memo

すでに開発を終えているWebブラウザには「NCSA Mosaic」やNetscapeなどがあり、現在のPCやスマートフォンではインストールができません。また、IEは現在もWindowsへのインストールが可能ですが、2019年現在では開発終了しています（セキュリティアップデートの提供は継続）。特別な理由がない限りは、開発を終了したブラウザを利用することは避けましょう。

図1 デバイスやブラウザによって表示したときの印象は異なる

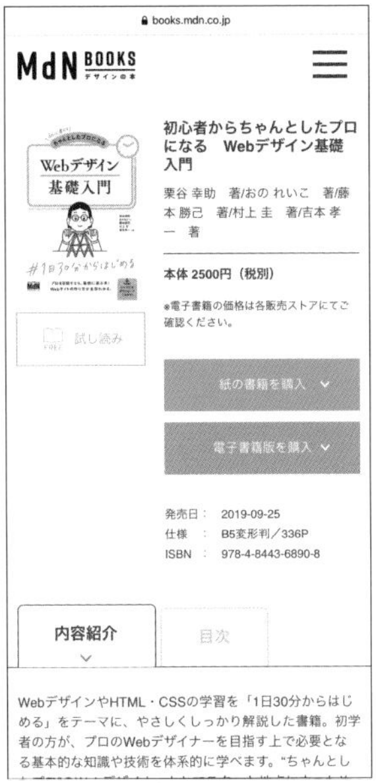

iPhone 11／Safariでの表示

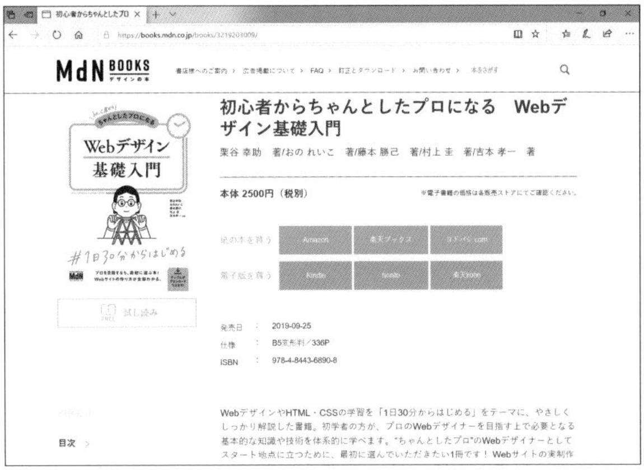

Windows 10／Edgeでの表示

　本書では、WindowsとMacの両方で使えるという観点からも有用な、Google Chrome（以下、Chrome）を使って解説していきます。もしお使いのパソコンにChromeがインストールされていない場合、**図2**のページからChromeをダウンロードしてインストールしてみましょう。

┌ memo

スマートフォン用のChromeはAndroid版だけでなくiPhone版のものも開発されています。開発元もアプリケーション名も同じですが、Android版とiPhone版は中身は別物と考えましょう。

図2 Google Chromeのダウンロードページ

https://www.google.com/intl/ja_jp/chrome/

Lesson2 02

30 min

HTMLファイルは
どうやって作るの？

THEME
テーマ
Webサイトを作るためにはHTMLファイルやCSSファイルを用意しなければなりません。ここではHTMLファイルの作り方やサイトデータの保存・管理の方法を見ていきます。

「HTML」という言葉が持つ意味

多くのWebサイトはHTMLを使って作られています。HTMLとは、コンピュータとやり取りするためのマークアップ言語の一種で、「Hyper Text Markup Language」を略したものです ◯ 。

「Hyper Text」は直訳すると「テキストを超える」といった意味で、情報と情報を結びつけるハイパーリンク機能を持ったテキスト文書であることを示しています。Webサイトでクリックしたときに別ページへ移動する仕組みがハイパーリンク機能で、リンクという呼び方のほうが一般的です。

マークアップとは、コンピュータが正しく文書構造を認識できるように、 ✏ 「タグ」と呼ばれる識別の記号を用いて意味づけを行っていくことをいいます。タグにはたくさんの種類があり、マークアップされたテキストはタグの種類によって「見出し」「段落」「表組み」などというように意味づけがなされます 図1 。

◯ 17ページ、**Lesson1-03**参照。

> **memo**
> 「Language」の単語が含まれていることからわかるように、HTMLは言語の一種です。言語というと、一般的には日本語や英語、アラビア語などの自然言語を思い浮かべますが、HTMLは人工言語の1つであるマークアップ言語で、コンピュータとやり取りするための言語です。

> **! POINT**
> 人間はテキストの中身を読んで意味を汲み取ることができるため、マークアップされていないテキスト文書でも「ここが見出し」「ここからここまでが本文」などのように、テキストの意味を大まかに理解できます。コンピューターは意味を汲み取ることができないため、タグによって目印をつける（マークアップする）ことでテキスト文書の意味を伝えるのです。

図1 文書をマークアップする前と後のイメージ

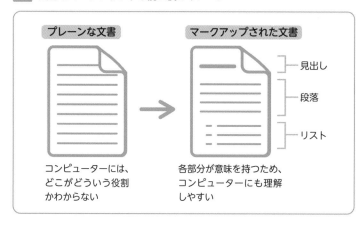

HTMLファイルの拡張子と開き方

　通常のテキストファイルは「.txt」の拡張子で保存しますが、HTMLは「.html」の拡張子として保存することで、❗そのファイルがHTMLファイルだとコンピューターに認識されます。反対に、中身はHTMLのタグでマークアップされたテキストファイルでも、拡張子を「.txt」として保存してしまうと、コンピューターにはHTMLファイルとして認識されません。

　HTMLファイルは通常の初期設定ではHTMLを閲覧するためのWebブラウザと関連づけられており、拡張子が「.html」とついたファイルをダブルクリックで開くと、自動的にWebブラウザが起ち上がり中身が表示されます 図2 。HTMLファイルの中身を編集したい場合は、編集用のアプリケーションから直接開きましょう。

図2　拡張子「.html」で保存したファイル

中身はマークアップされていない、ただのテキストを拡張子「.html」の形式で保存します。

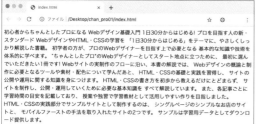

ファイルのアイコンをダブルクリックすると、一般的な設定ではWebブラウザが起動して、テキストの中身が表示されます。

Webサイト用のデータはまとめて管理する

　Webサイトは、HTMLファイルやCSSファイル、JavaScriptファイル、画像ファイルなどの複数のファイルから作られています。

　それらは別々に存在しているファイルですが、1つのWebサイトにつき1つのフォルダ（ディレクトリ）に、ファイル類をまとめて格納して保存・管理するのが一般的です。特別な理由がない限り、制作中のWebサイトのデータは1つのフォルダにまとめておきましょう。このような制作中のWebサイト用のフォルダを「作業フォルダ」といった呼び方をすることがあります 図3 。

図3 作業フォルダの例

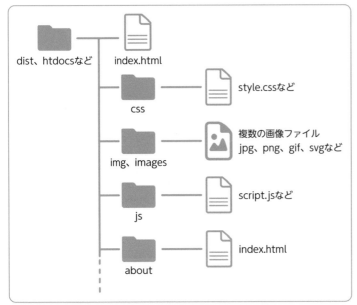

作業フォルダ自体の名前は「dist」(distributionの略)、「htdocs」(Hypertext Documentsの略)などのフォルダ名が使われることが多くあります。

　HTMLファイル名やWebサイトを制作する際のフォルダ名には、基本的に半角英数字をつけましょう。これは、データが格納されているWebサーバーでは日本語のファイル名に対応していない場合があるからです。

　アルファベットと数字はもちろん可能ですが、多くの記号は使えない場合があります。「.」(ピリオド)、「_」(アンダースコア)、「-」(ハイフン)であれば問題ないので、それらに留めておくのがよいでしょう。

コーディングに欠かせないテキストエディタ

> **THEME テーマ**
>
> Webサイトを作成するときには、HTMLやCSS、JavaScriptなどのソースコードを書くことに特化しているテキストエディタを使用します。そのうちのテキストエディタ「Brackets」について見ていきましょう。

効率的にコードを書けるテキストエディタ

HTMLやCSS、JavaScriptなどのソースコードはWindowsなら「メモ帳」、Macなら「テキストエディット」といった、OSに最初からインストールされているソフトウェアでも書くことができます。ただ、メモ帳などは単純なメモ書きを目的にしたソフトウェアのため、HTMLなどのコーディングには向きません。コーディング用に特化したテキストエディタ（エディタ）が多数リリースされていますので、それらを使いましょう。

コーディング用のエディタには、無料のものでは「Brackets」「Visual Studio Code」「Atom」などがあり、有料のものでは「Dreamweaver」「WebStorm」「Sublime Text」「Coda」などがあります。それぞれ特徴や機能、拡張性などが違います。

コーディング用エディタは、HTMLやCSSのコードが色分けして表示する「シンタックスハイライト機能」や、コードの入力を補完してくれる「予測変換機能」が搭載されています。このため、メモ帳などのエディタに比べると、コードの可読性が格段に高く、効率的にコーディングが行えるのが特徴です 図1 図2 。

> **WORD　コーディング**
>
> WebブラウザにWebページを表示させるために必要なHTMLやCSSのソースコードを書くこと。

> **memo**
>
> 統合開発環境（IDE）と呼ばれる種類のテキストエディタ機能を含めたさまざまな機能を一つに統合した種類のものもあり、DreamweaverやWebStormはこれにあたります。

> **WORD　統合開発環境**
>
> IDEは「Integrated Development Environment」の略。ソフトウェアなどの開発に必要なエディタ、コンパイラなどのさまざまなツールを統合的に提供する。IDEとして提供されるエディタは、通常のエディタよりも高機能なことが多い。

図1 Macのテキストエディタ

```
!<!DOCTYPE html>
<html lang="ja">
<head>
  <meta charset="UTF-8">
  <title>簡単！肉じゃがの作り方</title>
</head>
<body>
<article>
  <h1> 簡単！肉じゃがの作り方</h1>
  <p> 煮崩れしにくいレシピです。</p>
  <p><img src="recipe.jpg" alt=" 完成した肉じゃがの写真" width="800" height="400"></p>
材料
牛肉
じゃがいも
玉ねぎ
糸こんにゃく
調味料
水
```

コーディング専用のエディタではないため、コードを色分けして表示するなどの機能はありません。

図2 Brackets

```
1   <!DOCTYPE html>
2   <html lang="ja">
3   <head>
4     <meta charset="UTF-8">
5     <title>簡単！肉じゃがの作り方</title>
6   </head>
7   <body>
8   <article>
9     <h1> 簡単！肉じゃがの作り方</h1>
10    <p> 煮崩れしにくいレシピです。</p>
11    <p><img src="recipe.jpg" alt=" 完成した肉じゃがの写真" width="800" height="400"></p>
12  材料
13  牛肉
14  じゃがいも
15  玉ねぎ
16  糸こんにゃく
17  調味料
18  水
19  手順
20    1. 具材を食べやすい大きさにカットします。
```

コーディングを効率的に行うためのさまざまな機能がついています。

Bracketsの特徴や機能

コーディング用のエディタとしてWindowsとMacの両方に対応しており、制作現場でもよく使われているBracketsの使い方を紹介します。

コーディング用のエディタの中には、初期状態でメニュー名などのユーザーインターフェースが英語表記になっているものが多いのですが、Bracketsでは最初から日本語で利用可能です。

Bracketsの機能として、他のコーディングに特化したエディタと同じく、HTMLやCSSのコードの色分け表示がされるシンタックスハイライト機能、タグや属性、プロパティを 🖊 少ない入力で記述を完了させることができる予測変換機能があります。

また、他のエディタには搭載されていないBrackets独自の機能として「クイック編集機能」があります。選択されているHTMLのタグに対し、適用されているCSSのスタイルをその場で開いて確認できる機能です。

Bracketsに最初から含まれている機能以外にも、エクステンションと呼ばれる追加で機能を選んで増やせる仕組みがBracketsにはあります。有用なエクステンションが多数リリースされていますので、必要に応じて導入してみるとよいでしょう。

POINT

コーディング作業にある程度慣れるまでは、予測変換を使わずに入力することをおすすめします。ただし、コーディング作業では1文字でも間違うと動かなくなってしまうことも多く、予測変換を用いたほうがミスが減ることから、慣れてきたら積極的に使っていくほうがよいでしょう。

memo

HTMLのタグや属性、CSSのプロパティについては、Lesson3（57ページ）以降で学んでいきます。

Bracketsをインストールして使う

まずは、BracketsのWebサイトにアクセスします 図3。使用中のOSに応じたインストール用のプログラムをダウンロードするボタンが自動的に表示されますので、ダウンロードしてインストールしましょう。

図3 BracketsのWebサイト（http://brackets.io/）

クリック

Windows／MacのOSが自動的に判別され、OSに応じたイントールファイルのダウンロードボタンが表示されます。

画面の構成

　Brackets を起動すると、画面の左側には現在開いているファイルやフォルダが確認できるサイドバー、中央にはテキストやコードの編集画面、右側にはライブプレビューと拡張機能マネージャーのアイコンが表示されます 図4 。

WORD　ライブプレビュー

Bracketsでは編集中のHTMLファイルを、すぐにWebブラウザで表示確認できる機能。画面右側の稲妻マークをクリックする。

図4 Bracketsの画面

サイドバー

ライブプレビュー

拡張機能
マネージャー

ファイルの読み込み

　初期設定では、左側のサイドバーに「Getting Started」というフォルダ内のindex.htmlファイルが開かれています。これはBracketsの特徴などを解説したHTMLファイルですが、関連するファイルとフォルダがどのようにサイドバーで表示されるかなどがわかる、チュートリアル機能を兼ねています。

　サイドバーに表示するフォルダを「Getting Started」から、自分が作業するデータが入ったフォルダに変更するには、「Getting Started」の部分をクリックします。 図5 のように「フォルダーを開く…」というメニューが表示されるのでクリックすると、Windowsはエクスプローラー、Macなら Finder が開きます。そこで任意の作業フォルダを選択してください。

　選択したフォルダの中身が空っぽの場合、画面中央の編集画面には何も表示されませんので、新しくファイルを作成します。

図5　サイドバーに任意の作業フォルダを表示する

「Getting Started」の部分をクリックすると表示される「フォルダーを開く…」をクリックします。

テキストやHTMLを入力する

　新しくHTMLファイルを作成する場合は、Bracketsのアプリケーションメニューから「ファイル」→「新規作成」を選びます 図6 。このままコードを入力しても通常のテキストファイルになるので、テキストファイルからHTMLファイルに変更するためには、画面右下のメニューで「Text」と表示されている部分をクリックし、表示される言語の一覧から「HTML」を選んでください 図7 。

　初期設定の「Text」から「HTML」を選ぶと、編集画面で入力したHTMLのコードが内容に応じた色別に表示され、ファイルの保存時にもHTMLファイルとして保存されます 図8 。

図6　ファイルを新規で作成する

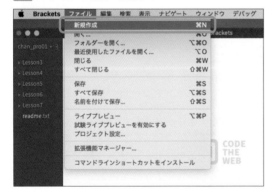

図7　画面右下の「Text」をクリックして表示される一覧から「HTML」を選択

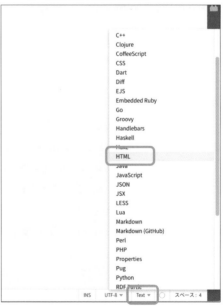

図8　通常のテキストからHTMLに変更した

```
1 ▽ <html>
2     <head>
3     </head>
4 ▽ <body>
5     <h1>初心者からちゃんとしたプロになる<br>
6     HTML+CSS標準入門</h1>
7     <h2>#1日30分からはじめる</h2>
8     <p>プロを目指すなら、最初に選ぶ本！<br>
9        Webサイトの作り方が全部わかる。</p>
10    <a src="https://books.mdn.co.jp/books/3219203009/" target="_blank">シリーズ1冊目
      はこちら</a>
11    </body>
12   </html>
```

```
1 ▽ <html>
2     <head>
3     </head>
4 ▽ <body>
5     <h1>初心者からちゃんとしたプロになる<br>
6     HTML+CSS標準入門</h1>
7     <h2>#1日30分からはじめる</h2>
8     <p>プロを目指すなら、最初に選ぶ本！<br>
9        Webサイトの作り方が全部わかる。</p>
10    <a src="https://books.mdn.co.jp/books/3219203009/" target="_blank">
      シリーズ1冊目はこちら</a>
11    </body>
12   </html>
```

　特定のファイルを開くときは、アプリケーションメニューで「ファイル」→「開く」から開きたいHTMLファイルなどを選びます。

　新規で作成したファイルも既存のファイルも、ファイルの内容を変更した場合、そのファイルは左側サイドバーの「作業中ファイル」の一覧に表示されます。

クイック編集機能を使う

　Brackets独自の機能である「クイック編集機能」を実際に使ってみましょう。初期設定のフォルダである「 ! Getting Started」内の「index.html」を開いてください。

　<h1>タグの開始タグ、または終了タグ部分でCtrl（Macでは⌘）+ Eキーのショートカットキーを押します。すると、そのタグに対して適用されているCSSのファイル名、セレクタ、プロパティが表示され、その場でスタイルを編集することができます **図9**。

> **memo**
>
> コーディングに特化したエディタの中でも、よく使われるものは時代によって変遷します。執筆時点（2019年12月現在）ではVisual Studio Codeに人気が集まっています。その時期その時期で、各エディタにどの程度の機能が含まれているかなどの理由で、人気も移り変わるので、「いま人気のエディタ」を試してみるのもいいでしょう。

> **POINT**
>
> サイドバーから「Getting Started」フォルダを選べない場合、本書のLesson4以降のCSSが出てくるサンプルデータで試してみてください。

図9　クイック編集機能を使用した様子

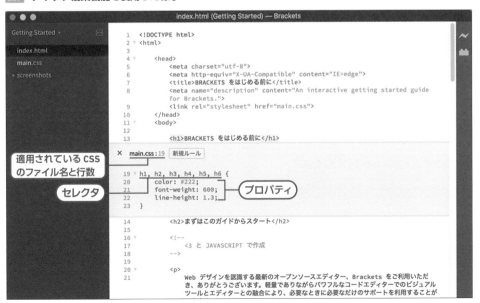

デベロッパーツールを使いこなそう

Lesson2 04 45min

THEME テーマ

Google Chromeに付属している「デベロッパーツール」、通称「開発者ツール」の機能や使い方を学んでいきましょう。Webサイトの制作を進める上で役立つ機能が備わっているため、作業の効率化を図れます。

デベロッパーツールの便利な点

Google Chrome（以下、Chrome）にはデベロッパーツール（Developer Tools）というWebサイトを作る際に役立つツールが最初から付属しています。Webサイトの制作過程でデバッグ（検証）を行うための豊富な機能を搭載したもので、他のWebブラウザにも同様の開発者向けツールは備わっていることが多いです。

デベロッパーツールには、HTMLやCSSのコードがどのように書かれているかや、HTMLの要素に対してCSSのスタイルがどのように適用されているのかを、Webブラウザの画面の中で確認できる機能があります。たとえば、HTMLに書いたはずのCSSが適用されていないといった場合に、エディタでHTMLやCSSのファイルを開かなくても、すぐに原因を調べることができるため、非常に便利です。

デベロッパーツールを起動してみよう

デベロッパーツールを起動するにはChromeを起ち上げ、チェックしたいWebページを開いている状態で、画面内をマウスで右クリックし、コンテキストメニューの中から「検証」を選びます 図1 。

memo

Chromeでチェックしたいページを開いた状態で、[Ctrl] + [Shift] + [I] キー（Macでは [⌘] + [option] + [I] キー）のショートカットキーを押しても、デベロッパーツールが起動します。あるいは、Chromeのアプリケーションメニューで「表示」→「開発/管理」→「デベロッパーツール」を選ぶ方法もあります。

図1 右クリック→コンテキストメニューで「検証」を選ぶ

デベロッパーツールが起動すると、Webページを表示していた画面の下部にコードが表示されるエリアが現れます。このエリアには、タブメニューで表示が切り替わる「パネル」と呼ばれる機能をまとめた画面が並んでいます。

また、タブメニューの左側には、矢印のアイコンとデバイスモードのオン／オフを切り替えるアイコンが並んでいます 図2 。矢印アイコンをオンにすると、Webページ上で検証したいHTMLの要素をクリックして選択できるようになります。

デベロッパーツールのアイコンをオンにすると、デベロッパーツールがデバイスモードになり、表示画面の上部にツールバーが表示されます。このツールバーを使うとスマートフォンやタブレットなど、デバイスの画面幅に応じたWebページの表示状態を確認できるようになります 図2 。

WORD　要素

HTMLで、開始タグ・終了タグとその内側の内容をまとめて「要素」と呼びます。詳しくは58ページ(Lesson3-01)参照。

図2　デベロッパーツールの画面

デバイスごとの画面幅に表示を切り替えるツールバー

矢印のアイコンとデバイス切り替えのアイコンは、オンで青い表示、オフになっている場合はグレーで表示されます。

パネル(タブメニュー)

デベロッパーツールの機能

デベロッパーツールにはさまざまな機能がありますが、ここでは「Elements パネル」についてかんたんに解説します。

Elements パネルを開くと、HTMLの要素をツリービュー形式で表示した「DOM ツリービュー」が左側に表示されます。また、選択中のHTMLの要素に適用されているCSSのスタイルが右側のサイドバーに表示されます 図3。

DOM ツリービューには <body> や <div> などのタグが表示されます。このとき、「▼<body>」のように、開始タグの手前に下向きの矢印▼や右向きの矢印▶が表示されています。右向き矢印▶は、そのタグの内側にさらに要素が入れ子となっているのを表します。矢印部分をクリックすると内側の要素を開閉でき、開いた状態では矢印が下向き▼に変わります 図4。

> **memo**
>
> 右クリック→コンテキストメニューでデベロッパーツールを起動した場合は、選択している要素が選ばれています。このとき、選択中の要素にCSSのスタイルが適用されていれば、右側のサイドバーにclass名とスタイルが表示されます。

図3 Elementsパネルと右側のサイドバーの役割

選択しているHTMLの要素

選択中の要素に適用されているCSSのスタイル

図4 内側の要素を開閉する矢印

下向きの矢印（内側の階層が表示された状態）

右向きの矢印（内側の階層は閉じた状態）

　もし選択した要素のスタイルに記述間違いやスペルミス、存在しないCSSのプロパティ名などがあった場合、黄色の「⚠マーク」が表示されますので、正しい記述になるよう修正します 図5 。

　また、たとえば<div class="pages">要素をDOMツリービューで選択しているとき、右側のサイドバーにclass属性であるpagesのスタイルが表示されていない場合、Webブラウザが該当のセレクタを見つけられていないという状態です。その場合、class名に表記ミスがある可能性が高いです 図6 。

図5 スタイルにエラーがあるときの表示例

「width」が「with」になっている例

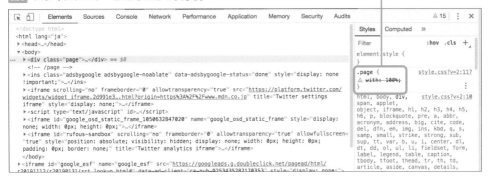

図6 該当のセレクタを見つけられていない状態

左側で選択中の要素に適用されているスタイルが、右側に表示されます。図では「<div class="page">」と対応するclassセレクタ「.page」のスタイル指定が右側に表示されています。

本来のclass名は「page」ですが、図ではHTMLのclass名が「pages」となっているため、ブラウザが該当のセレクタを見つけられず、右側に該当のスタイルが表示されません。

デバイスモードでの表示の切り替え

　スマートフォンやタブレットPCなど、画面幅の狭い端末での表示を確認するときは、デバイスモードに切り替えます。矢印アイコン右の「デバイスモードアイコン」をクリックしましょう。すると、上部に表示されるツールバーを使って、画面幅や表示端末を仮想的に切り替えて表示確認できるようになります。

　上部のドロップダウンメニュー部分で「Responsive」が選択されていれば、Webページ表示エリアの右側などにあるハンドルをドラッグして、任意の表示サイズに変更できます 図7。

　特定の端末の表示を確認したい場合は、上部のドロップダウンメニューで「iPhone 6/7/8」や「iPad」などを選ぶと、端末ごとの表示を確認可能です。

図7　表示幅やサイズの切り替え

デバイスモードのアイコンをオンにする

　デベロッパーツールは多機能のため、初心者の方が使いこなすまでに少し時間がかかるかもしれません。操作に慣れると便利なツールですので、本書のコーディングでもし手順どおりに進めているのにうまく動かないときに、デベロッパツールを使って原因を探ってみるとよい練習になるでしょう。

Lesson2 05

Webサイトの公開には サーバーが必要

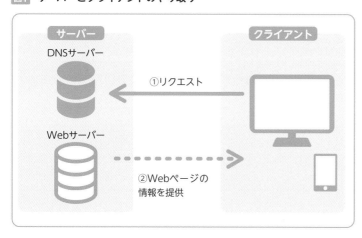

30 min

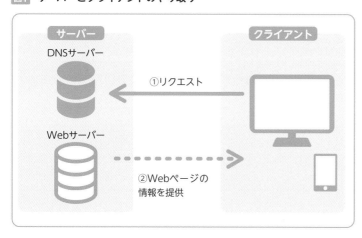

THEME テーマ Webサイトをインターネット上に公開して、ユーザーが閲覧できる状態にするにはWebサーバーが必要になります。本章の最後に、Webサーバーの仕組みや通信方式のFTPについても学びましょう。

Webページが表示される仕組み

Webサイトを見るためには、Webブラウザが必要であると述べました⊕。パソコンやスマートフォンなどの端末とWebブラウザを合わせて「クライアント」と呼びます。Webサイトを構成しているHTML、CSSなどのデータは **! Webサーバー** に保存されています。

パソコンやスマートフォンのWebブラウザのアドレスバーにWebサイトのURLを入力すると、インターネットを通じてアドレスがサーバーに送信されます。そして、サーバーからはWebページのデータなどをクライアント側に送信することで、ブラウザでWebサイトが閲覧できるのです 図1 。

⊕ 38ページ、**Lesson2-01**参照。

WORD サーバー

ネットワーク上でサービスを提供しているコンピュータとシステムのこと。サーバーは企業などの団体が管理していることが多いが、個人でサーバーを構築して、管理することもできる。

! POINT

クライアント側をローカル環境、サーバー側をリモートとも呼びます。Webサイトをインターネット上で公開するためにはサーバーが必要ですが、自分が使っているパソコン（ローカル環境）で表示・閲覧するだけであれば、サーバーは不要です。作成したHTMLファイルをパソコンに保存し、Webブラウザで開くことで表示されます。

図1 サーバーとクライアントのやり取り

Webページが表示されるまでの、クライアントとサーバーのやり取りを詳しく見ていきます。

ユーザーがWebブラウザに入力するURLには「ドメイン」が使われています。たとえば、URL「http://www.mdn.co.jp」であれば、「mdn.co.jp」の部分がドメインで、「日本のエムディエヌコーポレーションのWebサイト」であることを示すものです。

ドメインは人間にはわかりやすいものですが、コンピューターには単なる文字の集まりにしか見えません。そこで、ドメインを「IPアドレス」と呼ばれるコンピューターが理解しやすいものに置き換えて伝えます 図2。IPアドレスはドメインを「136.144.52.195」などのような数字で表したものです。

ドメインをIPアドレスに変換する仕組みが「DNS（ドメイン・ネーム・システム）」で、それを実行するのが「DNSサーバー」です。クライアントからWebブラウザを通じてドメインが送信されると、DNSサーバーはクライアントにIPアドレスを返します。さらに、クライアントはIPアドレスをサイトのデータがあるWebサーバーに送り、WebサーバーはWebページの情報をクライアントに送信することでWebページが表示されるのです。

WORD ドメイン

Webページのインターネットでの場所を示す住所のようなもの。まったく同じ住所は2つ存在しないように、ドメインも固有のもの。

図2 Webページが表示されるまでのやり取り

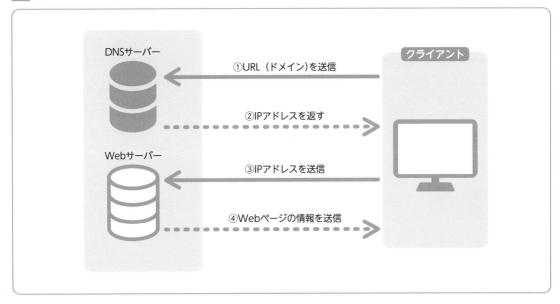

サーバーを用意するには

Webサーバーは、ホスティングサービス事業を提供している会社と契約を結び、サーバーの領域を借りる利用方法が一般的です。こうしたホスティングサービス会社に料金を支払い、サーバーを借りる利用形態のサーバーを「レンタルサーバー」と呼びます。

レンタルサーバーのうち、1つのサーバーを複数のユーザーで使用するのが「共有サーバー」、といい、1つのサーバーを1ユーザーで独占して利用するのが「専有サーバー」です。

専有サーバーは共有サーバーに比べて、機能面・性能面ともに優れていますが、使用料は高額になります。また、専有サーバーを管理するための専門職であるサーバーサイドエンジニアの役割を自分たちで担わなければなりません。一方で共有サーバーであれば、月額の使用料は数百円から数千円程度が一般的です 図3 。

はじめてWebサーバーを借りる場合、特別な事情がない限りは共有サーバーを借りることになるでしょう。サーバーを選ぶ際、値段やサーバーのスペックを比較するだけでなく、わかりやすいマニュアルがあるかどうか、管理画面はわかりやすく使いやすいかどうかなども選定材料となります。たいていのレンタルサーバーには無料期間があるため、その期間内で試してみるといいでしょう。

> **memo**
> 他にも、「クラウドサーバー」や「VPS」という種類のサーバーもあり、これらもまたメリット・デメリットがあり、サーバーに関する知識のある人が管理することになります。

図3 共有サーバーと専用サーバーの比較

	共用サーバー	専用サーバー
利用形態	複数ユーザーで共有	1者・1社専用
料金	安い	高い
利用の難易度	低い	高い
利用の自由度	低い	高い
セキュリティ	比較的高い	設定次第で高い
他ユーザーの影響	受ける場合がある	受けない
すぐ利用開始できるか	可能	不可（設定が必要）
適したサイト	小規模サイト	大規模サイト、複数の用途向け
担当者の専門知識	それほど必要ではない	専門知識が必要

サーバーにデータをアップロードするFTPクライアント

　レンタルサーバーを借りた後、Webサイトが表示されるようにするには、サーバーにデータをアップロードしなければなりません。アップロード中に使われる通信方式を「FTP」といい、FTP通信によるデータの送受信には、「FTPクライアント」と呼ばれるアプリケーションを利用します。

　大手のレンタルサーバーの場合、Webブラウザ上でFTP通信によるアップロード／ダウンロードを行えるサービスを提供している場合もありますが、FTPクライアントを利用できるようにしておくとよいでしょう。

　FTPクライアントは有償・無償にかかわらず、さまざまなものがリリースされています。主なものに「FileZilla」「Cyberduck」「Transmit」などがあります 図4 。また、コーディング用エディタにはFTPクライアントの機能を搭載しているものもあるので、それらのエディタを利用する場合もあります。

図4 FTPクライアントの例

アプリケーション名	対応OS	価格	
FileZilla	Windows ／ Mac	無料	https://ja.osdn.net/projects/filezilla/
Cyberduck	Windows ／ Mac	無料	https://cyberduck.io/
WinSCP	Windows	無料	https://ja.osdn.net/projects/winscp/
Transmit	Mac	5,400円 （無料試用7日間）	https://panic.com/jp/transmit/

価格は2020年1月現在のものです。

HTMLとCSSの
基礎

HTML・CSSの書き方を基本から解説していきます。テキスト情報をHTMLでマークアップ（意味づけ）し、マークアップした要素のデザインやレイアウトをCSSで整えていくという基本的な流れをつかみましょう。

読む 練習 制作

Lesson3

HTMLの基本

THEME テーマ

本節では基本的なHTMLの書き方、全体の構成について学びます。HTMLは1989年にティム・バーナーズ＝リーによって開発されて以降、バージョンアップを続けています。本書では、現在主流のバージョン、HTML5.2について解説していきます。

マークアップの基本

通常のテキスト文書をマークアップ（＝意味付け）していくには、HTMLの「タグ」と呼ばれるパーツを記述していきます。HTMLとは「Hyper Text Markup Language」の略で、テキストに意味付けをする（＝マークアップする）言語です。HTMLを使って書かれた文書を「HTML文書」と呼び、「.html」という拡張子で保存します。

タグはそれぞれ意味を持っており、図1のように、意味付けしたい文字列をタグで挟むように記述するのが基本です。こうすることで、ここは見出し、ここは箇条書きリスト、というように文字列に役割が与えられ、コンピュータが文書を理解できるようになります。

! POINT

なぜマークアップが必要なの？
Webサイトは人間の目に触れる前にPCが読み取るものです。通常のテキスト文書だと、コンピュータにとってはどこが見出しなのかどこが重要な情報なのか、などが分かりません。そのためPCに情報を正確に伝えるためマークアップが必要なのです。PCに正確に伝えることで、ユーザーがgoogleなどで検索した際に、より精度の高い検索結果を得ることができます。

図1 マークアップの基本形

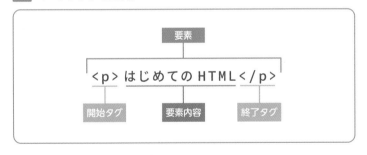

Webページを構成するための基本テンプレート

　HTML文書の作成にはWebページを構成するためのテンプレートを使います。Webページを制作する際には、必ず最初にこのテンプレートを書きます。テンプレートは 図2 のようになっています。<html>タグの中は大きく<head>タグと<body>タグに分かれており、<head>タグ内にはこのHTML文書についての情報を、<body>タグ内には実際にWebページに表示される情報を書いていきます。

図2 HTMLテンプレート

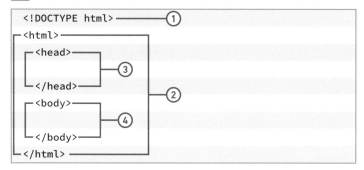

> memo
>
> 　HTMLのテンプレートは毎回必要なものなので、あらかじめこのテンプレートをテキストファイルとしてどこかに用意しておき、HTML文書を作るたびにコピー&ペーストしてもよいでしょう。タイプミスを防ぐこともできます。

① DOC TYPE 宣言

　この文書がどのバージョンのHTMLで書かれているかを示します。図2 のものはHTML5であることを示しています。

② <html> タグ

　<html> 〜 </html> がHTMLで書かれていることを示します。

③ <head> タグ

　<head> 〜 </head> は、メタ情報（文書に関する情報）と呼ばれる情報や、ブラウザへの指示を記述していく場所です。<head>タグ内に記述した情報は、基本的にブラウザウィンドウに表示されません●。

詳細は60ページ、**Lesson3-01**参照。

④ <body> タグ

　<body> 〜 </body> は、ブラウザ上に表示させるもの（ページの内容）を記述していく場所です。Webページの本体であり、一般的にコードが一番長くなるところです●。

詳細は61ページ、**Lesson3-01**参照。

<head>タグ内に書くもの

メタ情報

<head>タグ内に記述した内容は、基本的にWebページ上には表示されません。人間の目には見えなくてもコンピュータにとっては重要である「文書についての付帯情報」を主に記述します。具体的には、このWebページがどこの国の言語で書かれているかや、文字化けしないための文字コードの情報、レスポンシブに対応させるための情報など、Webページの内容には直接関わりのないものです。このような「情報についての情報」のことを、「メタ情報」といいます。

図3 <head>タグ内の記述例

```
<head>
  <meta charset="UTF-8">                                          ①
  <meta name="viewport" content="width=device-width,initial-scale=1">   ②
  <title> ページのタイトル </title>                                 ③
  <meta name="description" content=" ページの内容を説明する文章 ">    ④
  <link rel="stylesheet" href="CSS ファイルのパス ">
  <script src="JavaScript ファイルのパス "></script>               ⑤
</head>
```

<head>タグの構成

<head>タグ内に記述するメタ情報には主に <meta> タグを使用します。その他、メタ情報以外にもサイトのタイトルなども記述します。<head>タグ内に書ける情報はたくさんありますが、図3 にある情報は最低限記述するようにしましょう。

①文字コード

メタ情報なので <meta> タグを使います。このようにタグに属性をつけることで、タグの意味をより限定的にすることができます。

ここでは charset 属性を使い、文字コードがUTF-8であることを示しています。ダブルクオーテーションで囲まれた部分が属性値になります。<meta> タグには終了タグがありません。

②ビューポート（表示領域）

レスポンシブ対応のための設定です。文字コードと同じく <meta> タグを使いますが、こちらは name と content という2つの属性を使い、閲覧するデバイスの幅に合わせて最適化して表示

> **memo**
> ビューポートの記述は複雑で難しく見えるかもしれませんが、暗記する必要はないので、レスポンシブに対応させるためのおまじないとして記述しましょう。

させる指定です。

③ページタイトル

　<title>タグを使います。ここに書いた情報はブラウザのタブ部分に表示されたり、検索エンジンの検索結果にページ名として表示されます。<title>タグは1ページに1つだけ記述します。

④ディスクリプション

　ビューポートのようにname属性とcontent属性を使います。Webページを要約した内容をcontentの値に記入します。ここで書かれた内容は、Webページ内には表示されませんが、検索結果にサイトタイトルと一緒に表示されることがあります。必ずしも表示されるわけではありません。

⑤外部ファイルの読み込み

　外部ファイルとは、このHTML文書をデザインするために使うCSSファイルやJavaScriptファイルのことです。これらを<head>タグ内で読み込むことで、CSSやJavaScriptが適用されます。CSSファイルは<link>タグで、JavaScriptファイルは<script>タグでそれぞれ読み込ませます。<script>タグには終了タグがあるので忘れないようにしましょう。

<body>タグ内の構成

　<head>タグがWebページの付帯情報を記述する場所だったのに対し、<body>タグには、実際のWebページの内容を記述していきます。まずは簡単なマークアップをしてみて、それからWebページのおおまかな構成についても学びましょう。

簡単なマークアップ

　HTML文書を作成し、<body>タグ内に 図4 のような記述をして実際にブラウザで表示させてみましょう。

　使用ブラウザは、本書ではGoogle Chromeを推奨しています。

図4 簡単なマークアップの例

```
<h1>はじめてのHTML</h1>
<p>bodyタグの中身がブラウザ上に表示されます。</p>
```

> **memo**
> HTMLファイルをブラウザで表示させるには、ファイルをダブルクリックして開くか、ファイルアイコンをブラウザへドラッグ＆ドロップします。

ここで記述した <h1> タグは見出しを意味し、<p> タグは段落の
かたまりであることを意味します。

　sample.html という名前で保存し、ブラウザで表示させましょ
う 図5 。見出し部分が大きく、段落部分が小さく表示されます。
コンピュータが見出しと段落を認識したためです。次に、タグだ
けを消した状態で再びブラウザに表示させてみてください。見出
しと段落の区別がなくなり、改行も反映されないただの文字列に
なってしまいました。

　このように、コンピュータに認識させるためにマークアップは
必要不可欠と言えます。

図5 **マークアップされた文書とされていない文書**

マークアップされた文書

マークアップされていない文書

Webページ全体のレイアウト

　<body> タグの中、つまり Web ページは、大きく <header> タグ、
<main> タグ、<footer> タグの3つ（場合によっては <aside> タグ
を含む4つ）に切り分けることができます。

図6 Webページの構造例

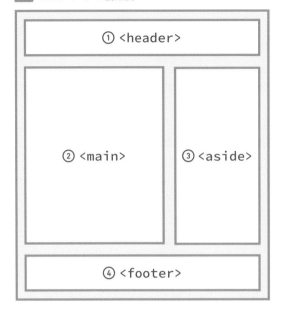

① <header>

② <main>

③ <aside>

④ <footer>

① <header> タグ

ヘッダーであることを示します。ページのヘッダーにはロゴやグローバルナビゲーション（メニュー）など、主にWebサイト内で各ページ共通のパーツが入ります。メタ情報を記述する <head> タグと間違わないようにしましょう。また、<header> タグはページのヘッダーとしてだけでなく、記事やセクションのヘッダー部分にも使えます。

② <main> タグ

ページ内のメインコンテンツとなるエリアを示します。<main> タグは1ページに1つまで使用可能です。

③ <aside> タグ

aside は「余談」という意味で、このページになくても差し支えないような補足情報を示します。脚注や、広告バナーなどを入れる際に使われます。<aside> タグの中に <main> タグを入れることはできません。また、<aside> タグはWebページに必須なものではないので、記述しなくても問題ありません。

④ページフッター

<footer> タグを使います。サイトマップやコピーライト情報などを入れることが多いです。ページヘッダーと同様、共通パーツが入ったり、ページフッター以外としても使えます。

CSSの基本

 THEME テーマ HTMLでマークアップした文書は、見栄え的にはとてもシンプルです。これに色をつけたりレイアウトをしていくのがCSSの役割です。ここでは、CSSの基本的な書き方や特性について学んでいきましょう。

CSSとは

CSSは「Cascading Style Sheet」の略で、HTML文書をスタイリングし、デザインしていく言語です。HTMLが文書構造を作るマークアップ言語だったのに対し、CSSは見栄えを整えていくのが専門です。HTMLファイルとは別にCSSファイルを作って記述していきます。そしてHTMLファイル側で読み込み設定◯を行うことで、CSSファイルに書いた内容がHTMLファイルに適用されます。

CSSファイルの拡張子は「.css」です。

◯ 66ページ、**Lesson3-02**参照。

基本の書き方

CSSは、セレクタ、プロパティ、値の3つから成り、「どこの」「何を」「どうする」という形になっています。

図1 CSSの基本構造

> memo
> CSSはHTMLファイル内に書くこともできますが、コンピュータによる読み込みやすさなどを考慮して、マークアップの記述とスタイルの記述は分かれているほうが好ましいとされています。もしHTMLファイル内に記述する場合は、<head>タグ・<body>タグいずれかの中に<style>タグを記述し、その中にCSSを書きます。もしくは、直接タグの中に属性として書くこともできます。

セレクタの種類

図1のようにタグ名の p がセレクタとなっているものを「要素セレクタ」といいます。その他にもセレクタにはいくつか種類があります。実際の使用例は各参照ページで確認しましょう。

全称セレクタ ◯

使用例：67ページ**図3** **Lesson3-02**、93ページ**図3** **Lesson3-10**参照。

```
*{color:#333;}
```

すべての要素へのスタイル指定に使います。セレクタをアスタリスク「*」にします。

要素セレクタ ◯

使用例は67ページ**図3**、**Lesson3-02**参照。

```
p{color:#333;}
```

タグ名がセレクタとなるパターンです。p ならすべての <p> タグに適用されます。

子孫セレクタ ◯

使用例は89ページ**図4**、**Lesson3-09**参照。

```
article p{color:#333;}
```

「<article> タグの中にある <p> タグ」のように指示箇所を限定するパターンです。親子関係はスペースで表します。

複数セレクタ ◯

使用例は98ページ**図4**、**Lesson3-11**参照。

```
h1,h2{color:#333;}
```

「<h1> タグと <h2> タグに共通のスタイル指定をしたい」といった場合に使用します。カンマで区切ります。子孫セレクタと混同しないようにしましょう。

class/id セレクタ ◯

使用例は85ページ**図4**、**Lesson3-08**参照。

```
p.text{color:#333;}
p#attention{color:#333;}
```

タグに class や id と呼ばれる任意の名前をつけることによって、ピンポイントにスタイルを適用させることができます。

class 名の頭にはドット「.」を付け、id 名の頭には半角シャープ「#」を付けます。上記の 1 行目は、<p> タグの中でも text というク

ラス名が振られた <p> タグにのみ指定、2行目は <p> タグの中でも attention という id 名が振られた <p> タグにのみ指定、という意味になります。要素名を省略してclass名／ id名だけをセレクタにすることもできます○。

classとidの詳細は84ページ、**Lesson3-08**参照。

属性セレクタ

```
input[type="text"]{color:#333;}
```

フォームのデザインでよく使われるセレクタです。指定した属性や属性値を持つ要素へのスタイル指定ができます。上記の例は、type属性の値がtextになっている <input> タグへの指定になります○。

実際の使い方については134ページ、**Lesson4-10**参照。

CSSの特性

CSS は上から順番に読み込まれていくため、値違いの記述を下方ですると情報が上書きされます○。

これを CSS の「上書き特性」といいます。この特性を利用して、CSS ファイルの上方には全体の共通の指定を書いていき、下方で例外の部分などを上書きしていきます。全称セレクタを使った指定も上方に書いておくといいでしょう。

CSSの特性については、172ページの**Column**も参照。

CSSを書く準備

Lesson3-01○で作った sample.html の保存場所と同じフォルダに、style.css を作成しましょう。次に、sample.html の <head> タグ内で <link> タグを使って CSS ファイルを読み込ませます○。

sample.html と style.css は同じフォルダ内にあるので、パスは **図2** のように書きます（パスの書き方については「相対パスと絶対パス」を参照してください○）。

58ページ、**Lesson3-01**参照。

60ページ**図3**、**Lesson3-01**参照。

70ページ、**Lesson3-03**参照。

図2 CSSファイルを読み込む記述(HTMLの<head>タグ内)

```
<link rel="stylesheet" href="style.css">
```

> **memo**
> Lesson3-01で、sample.htmlの タグ部分を削除したままになっている場合は、<h1>タグと<p>タグを再度記述しておいてください。

簡単なCSSを書いてみよう

　CSSにはHTMLのような長いテンプレートはありませんが、文字コードの指定だけ1行目に記述します。続けて 図3 のように記述し、保存します。

　保存できたら、HTMLファイルに反映されたか確認するために、sample.htmlをブラウザで表示させてみましょう。図4 のように表示できていたら完成です。

図3　style.cssに記述する内容

```
@charset "utf-8";  ——（文字コードの指定）
*{color:#333;}
h1{background-color: #ffe100;}
p{color: #37bd82;}
```

図4　CSSをHTMLファイルに読み込ませた結果

　図3 のstyle.cssでは、まず全称セレクタを使ってすべての要素の文字色を黒に近いグレー（#333）に指定していますが、4行目で<p>タグの文字色を緑にするよう上書きをしているので、結果として見出しの文字色だけがグレーになります。また、<h1>には背景色を指定するbackground-colorプロパティを使って、見出しの背景が黄色になるよう記述しています。

> **memo**
> カラーコードは6桁ですが、ゾロ目のカラーコードは3桁に省略することができます。ここでは#333333を#333と省略しています。

Lesson3 03 Webページを作成する／セクションを作る

THEME テーマ

HTMLとCSSの基本がわかったところで、実際にマークアップとスタイリングを作り込んでデザインしてみましょう。また、Webページの制作にはフォルダの構成も重要なポイントとなりますので、フォルダの構成やパスの書き方についても学びます。

フォルダ構成

　フォルダを新規作成し、任意の名前をつけます。ここでは「doc」としています。そしてdocフォルダの中に「index.html」を作成します。

　docフォルダの直下にindex.htmlを置くことで、Webサイトではトップページの位置付けになります。CSSは、のように「css」フォルダを作り格納しましょう。

図1 フォルダの構成例

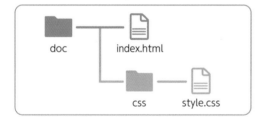

> **memo**
> CSSファイルが増えても、cssフォルダにひとまとめにしておけば構成がわかりやすくなります。

情報の章立てをしてみよう

　まずindex.htmlにテンプレートと、<head>タグの中身を記述しておきます◯。

　次に<body>タグ内に図2のコードを記述しましょう。

→ 60ページ、**Lesson3-01**参照。

図2 キャンペーン文のマークアップ

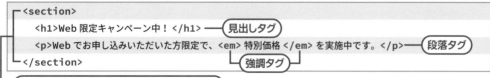

```
<section>
    <h1>Web限定キャンペーン中！</h1>          見出しタグ
    <p>Webでお申し込みいただいた方限定で、<em>特別価格</em>を実施中です。</p>   段落タグ
</section>                                    強調タグ
```

ひとつの章のかたまりを示す<section>タグ

ここでは、キャンペーンの文章をマークアップしています。

<section>タグは章を作るタグで、<h1>や<p>などのタグを囲むことができます。そして、さらに<p>タグの中には<em>タグが入れ子になっています。<em>タグは文章中の「キーワード」を強調するタグです。このようにHTML文書は、通常の文書と同じく章立てが重要です。マークアップをしっかりすることで、コンピュータがページ全体の構成や意味を理解しやすくなります。

memo

<section>タグと同じように文章のエリアを作るタグに、<article>タグがあります。<article>タグは、その部分だけ独立させてもコンテンツとして成り立つ場合に使います。article＝記事なので、ブログやお知らせのような記事に使われます。

タグの基本は入れ子構造

<section>や<article>タグのように、他のタグを囲み入れ子構造にすることで、HTMLは文書の構造を作り込みます。ただし、なんでも入れ子にできるわけではなく、タグによって入れ子にできるタグ・できないタグが決まっています。たとえば、図2の<em>タグは<p>タグで囲むことはできますが、逆に<p>タグを囲むことはできません〇。

72ページ、**Lesson3-04**参照。

入れ子の外側にいるタグを「親要素」、中を「子要素」と呼びます。また、タグとタグをクロスさせることはできません 図3 。

図3 **タグの基本ルール**

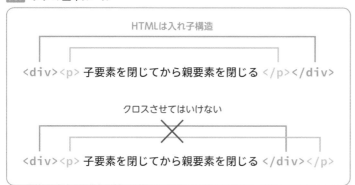

セクションと見出しの関係

1つのsectionには1つの見出しタグが必要です。見出しタグは<h1>〜<h6>まであり、<h1>はそのページ内で最も大きな見出しとなります。セクションの中にさらにセクションを作る場合、見出しはひとつレベルを下げます（次ページ 図4 ）。

図4 セクションと見出しの関係

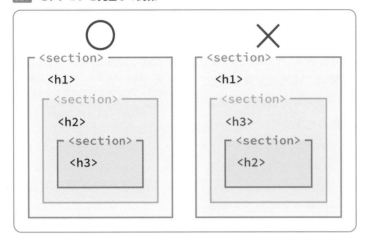

CSSファイル作成と読み込み設定

図1のフォルダ構成で示した場所にstyle.cssを新規作成します。そして、HTMLファイル側で読み込みの設定をしておきます。

```
<link rel="stylesheet" href="css ファイルのパス">
```

hrefのところにはCSSファイルの「パス」を記述します。パスとはURLのようなもので、「相対パス」と「絶対パス」の2種類の書き方があります。

相対パスと絶対パス

相対パスとは、パスを記述するファイル（ここではindex.html）から見た位置で指定します。index.htmlからstyle.cssの位置をたどると、index.html（現在地）→cssフォルダ→style.cssと階層を下っているので、この場合の相対パスは「css/style.css」となります。

それに対し、絶対パスはURLを丸々記述する方法なので、「http://www.example.com/css/style.css」のように長くなります。また、このレッスンで作っているWebページはサーバーにアップロードしておらずURLを持っていないので、絶対パスでの指定はできません。

> **memo**
> 相対パスで、逆にstyle.cssからindex.htmlをたどると、今度はstyle.css（現在地）→cssフォルダ→index.htmlと階層を上がっています。階層を上がる印は「../」です。つまり相対パスは「../index.html」となります。

CSSを書いてみよう

　セクション全体に背景色を塗り、見出しの文字色を変えてみます。さらに強調するキーワードを太字にします。

　背景色や文字色など、色を指定するプロパティの値には、yellowやblueなど色の名前を記述することもできますが、ここでは6桁のカラーコードを記述し、緑がかった水色を指定します。

　次に、h1タグの文字色を白にします。文字色はcolorプロパティを使用します。

```
section{background-color: #3eb6bd;}
h1{color: #fff;}
em{font-weight:bold;}
```

　index.htmlをブラウザで表示させて、図5のように表示できていたら完成です。

図5　表示結果

> **memo**
>
> CSSを適用させない状態でもh1タグのテキストが大きく表示されたり、<em>タグのテキストが斜体になっているのは、ブラウザ（ここではGoogle Chrome）が独自に持っているデフォルトのスタイルシートで指定されているからです。もちろんこれは自分のCSSファイルで上書きすることができます。デフォルトCSSはブラウザごとに若干異なるため、Webの制作現場では、一度すべてのデフォルトスタイルをリセットする「reset.css」や、デフォルトを活かしつつ標準的なスタイルにする「normalize.css」などを読み込ませてからスタイリングしていくことが多いです。reset.cssやnormalize.cssはネット上で無料で配布されています。HTML5に対応したものを使うとよいでしょう。

Lesson3 04 コンテンツモデルと ボックスモデル

45 min

THEME テーマ

HTMLタグは7つのカテゴリに分類されており、タグごとに入れ子にできるカテゴリが決まっています。またタグの性質と切り替え、さらにブロックレベル性質における、ボックスモデルという概念についても学びます。

コンテンツモデル

HTML5と同時に生まれた「コンテンツモデル」という考え方のもと、すべてのタグは7つのカテゴリに分類されます。そしてタグごとにどのカテゴリを囲めるかが決まっています 。

> **memo**
> 複数のカテゴリに属するタグもあります。

図1 コンテンツモデル7つのカテゴリ分け

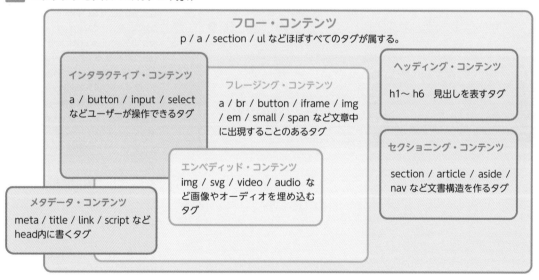

フロー・コンテンツ
p / a / section / ul などほぼすべてのタグが属する。

インタラクティブ・コンテンツ
a / button / input / select などユーザーが操作できるタグ

フレージング・コンテンツ
a / br / button / iframe / img / em / small / span など文章中に出現することのあるタグ

ヘッディング・コンテンツ
h1〜 h6 見出しを表すタグ

エンベディッド・コンテンツ
img / svg / video / audio など画像やオーディオを埋め込むタグ

セクショニング・コンテンツ
section / article / aside / nav など文書構造を作るタグ

メタデータ・コンテンツ
meta / title / link / script など head内に書くタグ

要素の性質

要素には「ブロックレベル」と「インライン」と呼ばれる性質があります。コンテンツモデルのカテゴリ分けと完全にリンクするわけではありませんが、「ヘッディング・コンテンツ」「セクショニング・コンテンツ」はブロックレベルの性質を持ち、「フレージングコンテンツ」「インタラクティブコンテンツ」「エンベディッド・コ

> **memo**
> 図1 の表は暗記する必要はありません。本書の演習をやりながら少しずつ身につけていきましょう。

ンテンツ」にはインライン性質を持つものが多く含まれます。また、例外的な性質を持つタグもあります 図2 図3 。

図2 ブロックレベル性質

header, main, nav, footer, section, article, h1~h6, p など。
- コンテンツのかたまり（＝ブロック）をマークアップする
- 幅や高さを CSS で指定できる
- CSS で幅の指定をしない限り、要素の幅は親要素の幅いっぱいになる。
- ブロックレベル性質の要素の後は改行される

図3 インライン性質

em, strong, small など。
- 文章中（＝インライン）の一部をマークアップする
- 幅や高さを CSS で指定できない
- インライン性質の要素の後は改行されない

displayプロパティで性質を切り替える

HTML5ではブロックレベル要素・インライン要素という分類は廃止され、性質だけ残っている状態です。そのため、インライン性質のタグをCSSでブロックレベル性質に変換することもできます。また、両者をかけ合わせたインラインブロックという性質にすることもできます 図4 。

図4 要素の性質の切り替え

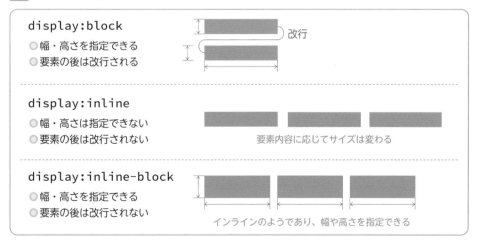

display:block
- 幅・高さを指定できる
- 要素の後は改行される
改行

display:inline
- 幅・高さは指定できない
- 要素の後は改行されない
要素内容に応じてサイズは変わる

display:inline-block
- 幅・高さを指定できる
- 要素の後は改行されない
インラインのようであり、幅や高さを指定できる

ボックスモデルとは

　ブロックレベルの性質を持つタグには、CSSで幅（width）・高さ（height）・内余白（padding）・境界線（border）・外余白（margin）を指定することができます 図5。この5つの領域の概念をボックスモデルと呼びます。

図5　ボックスモデルの構成要素

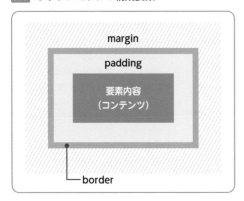

ボックスモデルの計算方法

　次ページの 図6 は、<p>タグに対してwidthとpadding、borderを指定した状態です。

　ボックス全体の幅（オレンジ色のボーダーまで含めた幅）を300pxにしたい場合、「width:300px」と書きたくなりますが、widthが適用されるのはコンテンツ部分のみです（heightも同様）。そのため width:300px と書くと、「300px ＋ 左右の padding ＋ 左右の border」の値がボックス全体の幅となってしまいます。

　このように、デフォルトのボックスモデルでは、見た目の幅・高さと、実際のwidth、heightの値が一致しません。

　ただしこれは、CSSの box-sizing プロパティを使って一致させることができます。

　図6 はどちらも <p>タグに「width:300px」という指定をしています。paddingとborderの設定も ⒶⒷ 同じです。

　ただしⒶには「box-sizing: content-box」を指定し、Ⓑには「box-sizing: border-box」を指定しています。

　Ⓑの「box-sizing: border-box」を使用すると、見た目の幅とwidthの値を一致させることができます。

図6　ボックスモデルの切り替え

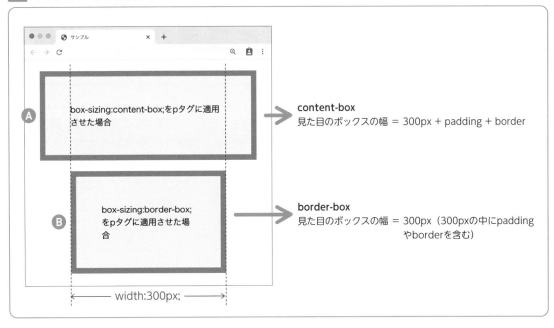

content-box
見た目のボックスの幅 ＝ 300px + padding + border

border-box
見た目のボックスの幅 ＝ 300px（300pxの中にpadding
やborderを含む）

余白、境界線の指定方法

　paddingとmarginは、値を複数書くことで、上下左右を個別に指定することができます。

　また、ボーダーはborderプロパティで太さ、形、色をまとめて指定します **図7**。

図7　余白と境界線のCSS

```
padding: 10px;
         四辺

padding: 10px 20px;
         上下  左右

padding: 10px 20px 30px;
          上   左右   下

padding: 10px 20px 30px 40px;  ← 時計回り
          上   右   下   左
※ margin も同じです。

border: 2px solid #000;
        太さ   形    色

       solid（実線）、dotted（点線）、double（二重線）など
```

> **memo**
> 一辺にだけ余白や境界線をつけたい場合は、プロパティに「margin-right」、「border-bottom」のように辺（top、bottom、right、left）を追記します。

> **memo**
> **インライン性質にはpaddingやmarginが効かない？**
> 実はpaddingと左右のmarginはインライン性質のタグにも指定できます。上下のmarginは無視されます。また、上下のpaddingは指定できますが、行間は変わらないので無視されたように見えてしまいます。
> ちなみにインライン性質のタグでは幅と高さの指定が無視されるため、ボックスモデルという概念とは異なります。

画像の配置とさまざまな単位

THEME テーマ　画像の配置には<img>タグを使います。<img>タグは「空要素」と呼ばれる、終了タグのないタグです。ここではタグに属性を追加する方法や、Web制作で用いられるさまざまな単位について学びます。

画像を配置するタグ

　<img>タグには終了タグがないので、何も囲むことができません。しかし<img>と書くだけでは、どの画像を表示するのかという情報が足りないため、属性を使って情報を追加していきます 図1。

図1 <img>タグと属性

```
<img src="images/cat.jpg" alt=" 座っている猫の写真 ">
```
　　　　src 属性で画像のパスを記述　　　alt属性で代替テキストを記述
　　　　ソース

　alt 属性に記述する代替テキストは、目の不自由な方が使う音声ブラウザで読み上げられる情報となります。大切な情報ですので、必ず記述するようにしましょう。読み上げる必要のない、装飾の画像などには「alt=""」と記述し、空であることがわかるようにしておきます。

大きさを指定する際に使える単位

　CSSで幅（width）、高さ（height）、内余白（padding）、ボーダー（border）、外余白（margin）を指定する単位には、Web特有のさまざまなものがあります。

px
「100px」のように、ピクセルで絶対指定します。

> **memo**
>
> **幅と高さの指定**
>
> <img>タグにおいては、「<img src="" alt="" width="100" height="100">」というように、属性という形で幅と高さを指定することができます（単位はピクセル）。属性で書いておくことのメリットは、ページの読み込み時に、画像が完全に読み込まれて表示されるまでの間、先に幅や高さが読み込まれてエリアを確保してくれるため、読み込み時の表示崩れが起こらないことです。ただし、データサイズの小さい画像の読み込み時間はほんの一瞬ですし、CSSが読み込まれた後はもちろんCSSで指定したサイズになるので、必ずしも書く必要はありません。

%

親要素の幅や高さに対して何%かを決めます。ただし、高さに%を指定する場合、親要素の高さがautoになっていると無視されます。

vw

vwは「viewport width」の略です。ブラウザの画面幅をもとに指定します。%に似ていますが、vwは画面幅をもとにするので、親要素のサイズは関係ありません。また、高さの指定にも使えるので、画面幅をもとに高さを指定したいときに便利な単位です。

vh

vhはviewport heightの略です。ブラウザの画面高をもとに指定します。

em

フォントサイズによく使われる単位です。1emは1文字分という意味。親要素に指定されたフォントサイズをもとに何文字分、と算出します。幅や高さなどに使用する際は、要素自体にフォントサイズが指定されていれば該当要素のフォントサイズが基準になります。

rem

rはrootの略。<body>タグより外側に存在する<html>タグ（＝ルート）に指定されたフォントサイズをもとに何文字分、と算出します。emに似ていますが、該当要素や親要素のフォントサイズがいくつであっても、ルートを基準にします。

> **memo**
>
> **高さの指定**
>
> どうしても必要にならない限り、高さは指定しないほうがよいでしょう。レスポンシブWebデザインを考えると、たくさんのデバイスの幅に対応させるため、幅を相対指定にすることが多くなります。その際にheightを指定しなければ、初期値のheight:autoが適用され、画像が歪まないように自動で高さを算出してくれます。幅も高さもがちがちに指定してしまうと、思わぬところで歪んだり、はみ出してしまうことがあります。

max-widthとmin-width

最大幅（max-width）と最小幅（min-width）を指定することができます。たとえば<img>タグで置いた画像を、width:1200pxにしたとします。閲覧者が1200pxより狭いモニタを使っていた場合、画像がはみ出てしまいます。そこで「max-width:100%」を一緒に指定しておけば、「基本は1200pxで、100%を超えることはない」ということになります。その逆でmin-widthは「基本30%で、200pxを下回ることはない」というように、幅が小さくなりすぎないように使います。

テキストを画像に回り込ませる

Lesson3
06
30 min

THEME テーマ

マークアップされた要素は基本的に縦に積まれていきます。ここでは、画像を右に寄せて、なおかつテキストをその周りに回り込ませる手法を学びます。floatを使う場合は必ず回り込み解除の設定も行います。

インタビュー記事の例

図1 完成形

HTML

　インタビュー記事と書いていますが、今回のマークアップは記事の1セクション分ですので、<section>タグを使っています。そして中に見出し、画像、テキストの順番に書きます 図2 。

> **memo**
>
> もしインタビューの本文が長く、段落を分ける必要があれば複数の<p>タグに分けます。途中で改行したいだけの場合は、図2 のように
タグを使って強制的に改行することができます。
タグは余白を作るタグではないので、連続して使用してはいけません。

図2 HTMLコード

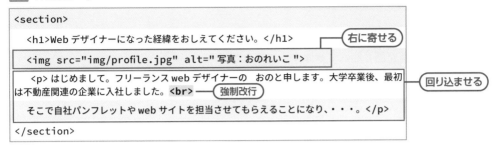

```
<section>
    <h1>Web デザイナーになった経緯をおしえてください。</h1>
    <img src="img/profile.jpg"  alt=" 写真：おのれいこ ">
    <p> はじめまして。フリーランス web デザイナーの　おのと申します。大学卒業後、最初
は不動産関連の企業に入社しました。<br>
    そこで自社パンフレットや web サイトを担当させてもらえることになり、・・・。</p>
</section>
```

右に寄せる

回り込ませる

強制改行

CSS その1：回り込み以外の設定

　回り込みの前に、余白や行高といった、ベースとなるスタイルを記述しておきます。

　画像にも、margin を指定しておき、回り込むテキストが画像にくっつかないようにします。

　ブロックレベル性質の要素に対し、左右マージンを auto にすると、親要素を基準として横方向に中央配置できます 図3 。

> **memo**
> 上下マージンをautoにしても、縦方向に中央配置はできません。

図3 回り込み以外のCSS

```
section{
    width: 600px;
    margin: 0 auto;
    padding: 2em;
    background: #ffebf0;
}
h1{
    margin: 0 0 1em;
}
img{
    width: 320px;
    margin-left:1em;
    margin-bottom: 1em;
}
p{
    line-height: 1.8;
}
```

左右マージンを auto にすると section が中央配置になる

薄いピンク

見出しには 1 文字分くらいの下マージンをつけるとバランスがよくなる

回り込むテキストが画像にくっつかないように左と下にマージンをつけている

行高の指定。1 にすると行間がなくなる

CSS その2：回り込みの設定

右（または左）に寄せたい要素に「float:right/left」を指定します。それだけで、次の要素が回り込んできます。ブラウザで確認すると、これだけで完成形と同じ形になりますが、実際にはもうひと工夫必要です。

<p>タグの中で、
タグ以下を削除してみてください。テキストが短くなると、画像がはみ出てしまいます。

回り込みの解除

画像がはみ出るのは、floatの指定により<img>タグが親要素に認識されなくなったために起こります 図4。

図4 テキストが短いと画像がはみ出してしまう

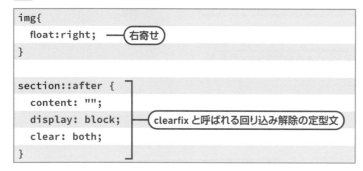

そこで、<img>タグを認識させるために、親要素に対しclearfixと呼ばれる「回り込み解除」の記述を同時に行います。clearfixの3行の記述は定型文なので覚える必要はありません。1度書いたらコピー＆ペーストで使えるようにしておくと便利です 図5。

図5 回り込みと、その解除設定

```
img{
    float:right;         ─（右寄せ）
}

section::after {
    content: "";
    display: block;      ─（clearfix と呼ばれる回り込み解除の定型文）
    clear: both;
}
```

memo

回り込みをするたびにこの3行を書くのは大変なので、classセレクタを使うと便利です。clearfixというclassセレクタに対し前もってこの3行を指定しておけば、後は回り込み解除をさせたい親要素にclearfixというクラス名を追加します（◎65ページ、Lesson3-02）。

メディアクエリで
スタイルを切り替える

THEME テーマ　Lesson1-06（25ページ）で学んだレスポンシブWebデザインは、閲覧するデバイスの画面幅に応じて、スタイルのみが切り替わる仕組みになっています（HTMLはそのまま）。実際にどうやって切り替えるのかを学びます。

メディアクエリとブレイクポイント

「メディアクエリ」は、Webを閲覧する際の画面幅によって、最適なスタイルに切り替える手法です。近年モバイルやタブレットはさまざまなサイズが登場しており、PCもコンパクトなものからとても大きなモニターまであります。

そこで「横幅○○px以上の場合」「横幅○○px以下の場合」のように、数値を起点にしてスタイルを切り替えます。この切り替える数値を「ブレイクポイント」といいます 図1。

メディアクエリの書き方

CSSファイル上で、「@media」に続けて以下のように書きます。

図1 メディアクエリの書き方

```
@media screen and (max-width: 480px){・・・}
       画面              480px 以下           CSS
```
画面幅が480px以下の場合に{ }内のCSSを適用させるという意味。主にモバイル用

```
@media screen and (min-width: 960px){・・・}
                     960px 以上           CSS
```
主にPCと画面の大きなタブレット用

```
@media screen and (min-width: 481px) and (max-width:959px){・・・}
                     1px ずらして書く                               CSS
```
481px以上959px以下の場合。主にタブレット用

ブレイクポイントを打つ場合は@mediaの後に続けて「screen and（適用範囲）」という書き方をします。screenの部分は「メディアタイプ」と言い、screenはPCやモバイル端末など「画面」を持つすべてのデバイスで表示させる際に使います。また、screen以外

に印刷時のスタイルを設定する print などもありますが、必須ではありません。

　適用範囲については、図のように max-width に 480px と書いた場合、480px も含まれます（min-width も同様）。そのため、ブレイクポイントが重ならないようにここではタブレット用の数字を1px ずらして 481px としています。

　ブレイクポイントの数字は決まっているわけではありません。2019 年 10 月現在、日本で最も使われているスマートフォンの画面幅は 375px です（iPhone8 や iPhoneX の幅）。ただし、大きな画面の機種もあるので、480px 以下をモバイル用にするとよいでしょう（Pixel3 XL や Galaxy S10 の幅）。タブレットに関しては、横向きにすると PC と同じくらい大きなものもあるため「タブレット用」として区切るよりは、デザインに応じて 768px 〜 960px あたりに一つブレイクポイントを設けるとよいでしょう 図2 。

　実際の使い方については次の **Lesson 3-08** から学んでいきます。

図2　ブレイクポイントの考え方

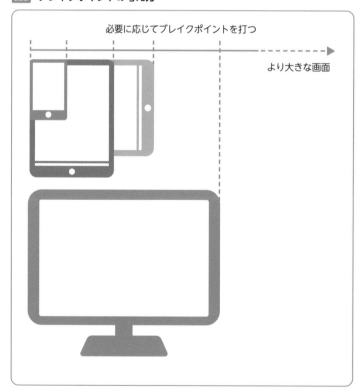

Lesson3

リンクを作る

THEME テーマ <a>タグを使ってハイパーリンクを作り、テキストリンクやボタンリンクなど、さまざまなデザインにしてみましょう。ハイパーリンクは、マウスカーソルを乗せたときのスタイルも設定します。

テキストリンク

図1 <a>タグの基本

```
<a href="about/index.html" target="_blank">私たちについて</a>
         リンク先のパス          別ウィンドウで開く        要素内容
                              （必須ではない）
```

　リンクにしたいテキストを <a> タグで囲むことで、ハイパーリンクを作ります **図1**。

　リンク先のパス（URL）は <img> タグのsrc属性とは違い、href属性を使います。また、別ウィンドウでリンクを開かせたいときは、「target="_blank"」を記述します。

　<a> タグは親要素によって囲めるものが変わる特性を持っているため、インラインで使う場合はテキストを囲みますが、ブロックとして使う場合は <img> タグや <p> タグをまとめて囲むこともできます。

　また、デフォルトCSSではたいていの場合、リンク文字は青色で、下線がつくようになっています。

リンクを装飾する際に注意すること

　リンクはユーザーが操作できる要素であるため、「クリックできそう」感を出すことが大切です。テキストに下線をつける、色を変える、ボタン型にする、マウスカーソルを乗せると色が変わる、などでクリックできそうな雰囲気を作ります。またクリックしやすいように、クリック可能なエリアを大きめに作る必要もあります。

書いてみよう：HTML

このページでは、3種類のリンクをデザインしていきます。

図2 HTMLと完成形

```
<a href="#" class="text-link"> テキストリンク </a>
<a href="https://books.mdn.co.jp" target="_blank" class
="button-link"> ボタンリンク </a>
<a href="#" class="button-link2"> ボタンリンク 2</a>
```

class と id

図2のように同じタグが複数あり、それぞれに違うCSSを指定したい場合は、class名を付けて区別します。CSSを書く際にこのclass名をセレクタにすることでそれぞれ違うスタイルを適用できます（classセレクタ○）。

class名は任意ですが、たとえば「button-link」というclassを作っておけば、同じデザインのボタンを作りたいときに該当要素に「button-link」とclass名をつけるだけで同じスタイルが適用されます。

同じclass名は1つのページで複数使うことができますが、同じidは1ページに1つしか使うことができません。classやidは混同しがちなので、慣れないうちはclass名だけを使うとよいでしょう。

CSS：共通設定

まず3つの<a>タグの共通設定をしておきます図3。

図3 共通設定のCSS

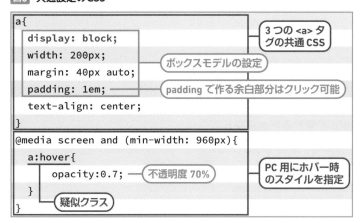

```
a{
    display: block;
    width: 200px;
    margin: 40px auto;
    padding: 1em;
    text-align: center;
}
@media screen and (min-width: 960px){
    a:hover{
        opacity:0.7;
    }
}
```

3つの <a> タグの共通CSS

ボックスモデルの設定

padding で作る余白部分はクリック可能

PC 用にホバー時のスタイルを指定

不透明度 70%

疑似クラス

65ページ、**Lesson3-02**参照。

memo
リンク先のパスを後から入れる場合や、いったん空にしておきたい場合は、図2のように「#」だけ記述しておきましょう。

memo
ページ内リンクにはidを使う
ナビゲーションとなる<a>タグのhref属性に#から始まるid名を記述すると、そのid名の要素のところへ飛ばすことができます。これをアンカーリンクと呼びます。スクロールの動きをつけるにはJavaScriptでスクロールの速さなどを指定します。

memo
classやidにはアルファベットで始まる半角英数字でわかりやすい名前を付けます。命名には英数字とハイフン (-)、アンダースコア (_) が使えます。頭に数字を使うことはできません。アルファベットの大文字小文字が区別されますので、書く際にはルールを設けましょう。

memo
図3 では3つのリンクを縦に並べるため「display:block」を使用していますが、通常テキストリンクは「inline」で使います。デザインによって使い分けましょう。

ホバー時のスタイル

　PCではホバー（マウスカーソルを要素に乗せた状態）のスタイルも必要です。ホバー時のスタイルを指定するにはセレクタに「:hover」と追記します。この形を「疑似クラス」と言います 図3 。

　同様に、疑似クラスには「:active」（クリックしている間のスタイル）や「:focus」（タブキーなどでフォーカスされているときのスタイル）、「:visited」（訪れたことのあるリンクのスタイル）などがあります◯。

　memo
　ホバーのスタイルをモバイルでも有効にしてしまうと、iPhoneなどのデバイスでは2回タップしないとリンク先に飛べない（1回タップでホバー状態、2回タップでアクティブ状態）という問題が起こるため、PCだけに適用させるようにしましょう。

➡ 152ページ、**Column**参照。

CSS：テキストリンクの装飾

　緑色のリンクを作ります 図4 。

図4 テキストリンクの装飾

```
class セレクタ
a.text-link{
    color: #008000;          ── リンクてない文章と色を変えておくと
                                 リンクてあることがわかりやすい
    text-decoration: underline;  ── デフォルトCSSでも指定
                    下線            されていることが多い
}
```

　memo
　テキストリンクは、文字色を変えるだけだと人によっては色の判別が難しい場合があり、リンクであることがわかりにくいため、下線を付けたり太字にするなど、形にも変化を付けましょう。

CSS：ボタンリンクの装飾1

　ボタンのような見た目にすると、リンクであることがわかりやすくなる上、スマートフォンでもタップしやすくなります。背景に色を付けるだけで、簡単にボタンのような見た目を作ることができます。backgroundプロパティで指定した色はwidthやheight、paddingの範囲まで塗られます 図5 。

図5 ボタンリンクの装飾1

```
class セレクタ
a.button-link{
    background: #ffd700;       ── 背景色を黄色に
    text-decoration: none;     ── 下線をなしに
    color: #ff4500;            ── 文字色をオレンジに
    font-size: 20px;           ── 文字サイズを少し大きく
}
```

※widthやpaddingは共通設定で記述済みです。

CSS：ボタンリンクの装飾2

　さらに立体感を出して仕上げます。角を丸くするとよりボタンらしくなり、太めの下ボーダーをつけると立体感のあるボタンになります 図6 。

図6 ボタンリンクの装飾2

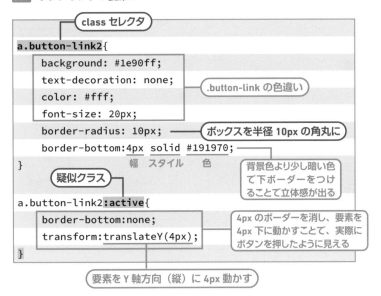

memo

CSSの強さの順

CSSは、記述する位置やセレクタの書き方によって優先順位が決まります。基本は上流より下流にかいたスタイルが強くなります。要素セレクタより子孫セレクタやclassセレクタは強くなるため、classセレクタで指定した後に要素セレクタでスタイルを書いても負けてしまいます。idセレクタはさらに強力です。クラス/idセレクタを子孫セレクタと交えて書くとどんどん強力になりますが、あまりに長いセレクタが増えると優先順位がわからなくなってしまいます。絶対に上書きされないようにするには「p{color: #1e90ff !important;}」のように記述します。ただし、これも多用すると混乱のもとになるので、どうにもならないときの最終手段としてのみ使いましょう。

　「:active」はクリックしている間のスタイルを指定する疑似クラスです。クリックしてから離すまでの間、下ボーダーをなくし、なくした幅の分要素を下に移動させることで、ボタンが凹んだように見せることができます。実際にブラウザで表示させて挙動を確認してみましょう。「:active」はスマートフォンのタップには反応しません。

Lesson3

09

60 min

リストを作る

THEME テーマ `<ul>`タグや`<ol>`タグなど、リストを構成するタグを理解し、リスト項目に番号を振ったり、マーカーに画像を使うなど、目的に合わせたデザインにしてみましょう。

リストタグの使い方

リスト項目を並べるには`<li>`タグを使います。そして1つのリスト群をまとめるタグは`<ul>`タグと`<ol>`タグがあります。順番の関係ない箇条書きリストの場合は`<ul>`タグを、手順のように順番があるリストの場合は`<ol>`タグを使ってリスト項目（`<li>`タグ）をひとくくりにします **図1** **図2**。リストの基本のコードとデフォルトスタイルは **図3** のようになっています。

図1 原文テキスト

```
こんなお悩みありませんか？
肩こりや頭痛がひどい
手足が氷のように冷える
寝ても疲れがとれない
ご旅行の申込みから出発まで
Webで簡単申し込み
期限までにお支払い
約1週間前に航空チケットのお届け（代表者住所に全員分が届きます）
ご出発
```

図2 HTML

```
<h2> こんなお悩みありませんか？ </h2>
<ul>
    <li> 肩こりや頭痛がひどい </li>
    <li> 手足が氷のように冷える </li>        箇条書きリスト
    <li> 寝ても疲れがとれない </li>
</ul>
<h2> ご旅行の申込みから出発まで </h2>
```

```
<ol>
    <li>Webで申し込み </li>
    <li> 期限までにお支払い </li>
    <li> 約1週間前に航空チケットのお届け（代表者住所に全員分が届き
ます) </li>
    <li> ご出発 </li>
</ol>
```

番号付きリスト

図3 各リストのデフォルト表示

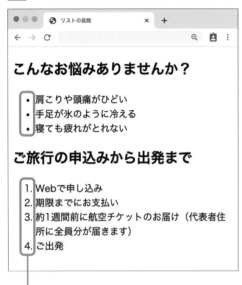

デフォルトではマーカーが項目の
外側につくようになっている

memo
デフォルトのマーカーはテキストの外側
にあるため、図3 の「3.約1周間前に〜」
の項目のように行送りが起きた場合も、
マーカーの下に文字が入り込まないよ
うになっています。これはlist-style-
positionプロパティで切り替えること
ができ、insideと指定すると、テキスト
のエリアの中にマーカーが配置され、行
送りされた文字はマーカーの下にも入
り込む形になります。

リストマーカー

それぞれのリストの頭についているマーカー（黒丸や番号）は、
list-style-typeプロパティを使って形を変えることができます。

また、オリジナルの画像を設定したい場合は値をnoneにして
マーカーを消し、そこに「疑似要素」を使うことで実装できます。
疑似要素の使い方は、CSSでセレクタの後ろに「::before」や
「::after」をつけることでHTML上にない要素を疑似的に作り出し、
その部分にスタイルをあてます。実際に記述してみましょう。

152ページ、Column参照。

箇条書きリストを装飾してみよう

図2の箇条書きリストをデザインしていきます図4。

<ul>タグはリスト項目すべてを囲んでいるので、リスト全体の背景色や、全体の外枠（border）を付けるなどの装飾が向いています。<li>タグに「border-bottom」を付けると、ノートの罫線のようにデザインすることができます図5。

memo

ulのリストマーカーは、chromeのデフォルトでは「list-style-type:disc」(黒丸)ですが、「circle」(白丸)や「square」(四角)などがあります。
olでは、デフォルトは「decimal」(1. 2. 3.……)ですが、「upper-latin」(A. B. C.)や「hiragana」(あ. い. う.……)などがあります。

図4　箇条書きリストのCSSと完成形

```
ul{
    border: 10px solid #aae5e7;      ── 水色の外枠
    padding: 1em 1em 0;
    list-style: none;                ── リストマーカー削除
}

ul li{
    border-bottom: 4px dotted #6baeb3;   ── 太い点線
    margin-bottom: 1em;
}

ul li::before{                       画像を挿入（疑似要素には content が必須）
    content:url(../img/check.png);
    margin-right: 4px;               ── オリジナルマーカー画像の設定
    vertical-align: middle;
}
```

行に対して垂直方向中央揃え　　マーカーと文頭との距離

check.png

図5　完成形

こんなお悩みありませんか？

☑ 肩こりや頭痛がひどい

☑ 手足が氷のように冷える

☑ 寝ても疲れがとれない

89

疑似要素

図4では「ul li::before」にcheck.pngという画像を挿入していま
す。contentプロパティは疑似要素に必須の設定で、画像以外に
も「content:"★";」のようにダブルクオーテーション("")で囲まれ
たテキストを挿入することもできます。装飾として使う★や●な
どの記号は、文書構造には関係がないのでHTMLではなくCSSで
記述するのが好ましいです。

番号付きリストを装飾してみよう

番号付きリストは手順などを示すリストのため、手順に沿って
矢印を表示させることが多くあります。この矢印も文書構造には
関係のない装飾ですので、HTMLの<img>タグではなくCSSで表
示させます。図6ではbackgroundプロパティ◯を使って、次の手
順への矢印を表示させています。背景色や背景画像はpaddingの
エリアまでが適用範囲となります。backgroundプロパティは背
景色だけでなく背景画像、画像の位置、繰り返すかどうかの指定
などをまとめて記述することができます。ここではエリアの左下
（リストマーカーは外側についているのでエリアに含まない）に矢
印画像をひとつだけ表示させる指定をしています図7。

◯ 114ページ、**Lesson4-03**参照。

図6 番号付きリストのCSS

```
ol{
    border: 10px solid #ffc43d;          ─ オレンジの外枠
    padding: 20px 40px 20px;
}


                        背景画像が入るための余白
ol li{
    padding-bottom: 20px;
    margin-bottom: 20px;                 次の要素との距離
    background: url("../img/arrow.png") left bottom no-repeat;
}              背景画像のパス            位置(左下)    繰り返さない
                                                   (矢印を1つだけ表示)

ol li:last-of-type{
    padding-bottom: 0;
    margin-bottom: 0;                    最後の li への上書き
    background: transparent;
}              透明
```

図7 完成形

疑似クラス :last-of-type

　リスト項目の最後（4番目）は矢印が必要ありません。そこで、最後の\<li\>タグにだけ、背景を削除したり余白を詰めるなどスタイルの上書きが必要になります（**図6** の「最後のliへの上書き」）。セレクタに疑似クラス◉を使って、「li:last-of-type」とすると、最後の\<li\>タグにだけスタイルを適用させることができます。

　ここでは背景を「transparent」（透明）にすることで背景画像をなくし、その分余白も詰めて0にしています。

> **memo**
> 「:last-of-type」の逆で、最初のliにだけスタイルを当てるときは「:first-of-type」が使えます。「n番目」に当てる場合は「:nth-of-type(3)」のようにカッコ内に数字を書くことで適用できます。カッコの中を「2n」にすると偶数番目、「2n+1」とすると奇数番目、のようにセレクタだけでさまざまな指定ができます。

PC用グローバルナビゲーション をデザインする

Lesson3 10

90 min

THEME テーマ <a>タグとリストタグを組み合わせて、グローバルナビゲーションを作ります。新しい疑似要素を使う方法も学びます。

グローバルナビゲーション

「グローバルナビゲーション」とは、Web サイトのどのページにも共通して（＝グローバルに）配置されるナビゲーションメニューです。またHTML は共通で、CSS だけ切り替えてPC用では横一列／縦一列、モバイル用ではハンバーガーメニュー⬦に格納、といったデザインが多くなっています。ここではPC用のデザインを作ります 図1 図2 。

➡ 142ページ、**Lesson4-12**参照。

図1 HTML

```
      ┌ ナビゲーション 1 （.gnav-list-1）          ┌ 改行タグ
<nav>
    <ul class="gnav-list-1">
        <li><a href="#">TOP<br> トップ </a></li>
        <li><a href="#">NEWS<br> お知らせ </a></li>
        <li><a href="#">ABOUT<br> 当店について </a></li>
        <li><a href="#">RECRUIT<br> 採用情報 </a></li>
    </ul>
</nav>
```

```
      ┌ ナビゲーション 2 （.gnav-list-2）     ┌ 画質がきれいなまま
                                              使える SVG 画像①
<nav>
    <ul class="gnav-list-2">
        <li><a href="#"><img src="images/icon-top.svg" alt=""> トップ
</a></li>
        <li><a href="#"><img src="images/icon-about.svg" alt=""> 診療
科目 </a></li>
        <li><a href="#"><img src="images/icon-checkup.svg" alt="">
人間ドック </a></li>
        <li><a href="#"><img src="images/icon-schedule.svg" alt="">
診療時間 </a></li>
        <li><a href="#"><img src="images/icon-consultation.svg"
alt=""> 相談窓口 </a></li>
    </ul>
</nav>
```

図2 デフォルト表示

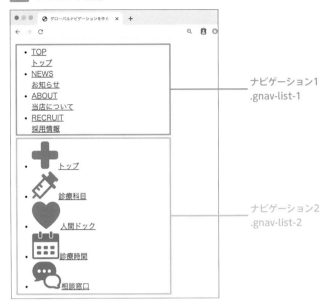

ナビゲーション1
.gnav-list-1

ナビゲーション2
.gnav-list-2

SVG 画像

2つめのナビゲーションには SVG 形式⊕のアイコンを使用して
います **図1** ①。Illustrator などで作ったベクターのアイコンは
SVG 形式で書き出しておくと、ベクターを保ったままブラウザ上
で表示できます。CSS で画像のサイズを拡大／縮小しても画質が
粗くなりません。ただし png に比べるとファイルサイズが大きく
なるので気をつけましょう。SVG 形式は、色数が少なくシンプル
なアイコンやイラストに向いています。

16ページ、**Lesson1-02**参照。

ナビゲーション1のCSS

<li> タグを「display:inline-block」で横並びにします。

図3 ナビゲーション1のCSS

```
*{ box-sizing: border-box;}

ul.gnav-list-1{
    background: #1b9aaa;
    padding: 0;
    text-align: center;
}
ul.gnav-list-1 li{
    display: inline-block;
}
```

① <li> タグを「inline-block」にす
れば、「text-align:center」で <li>
タグを中央に寄せることができる

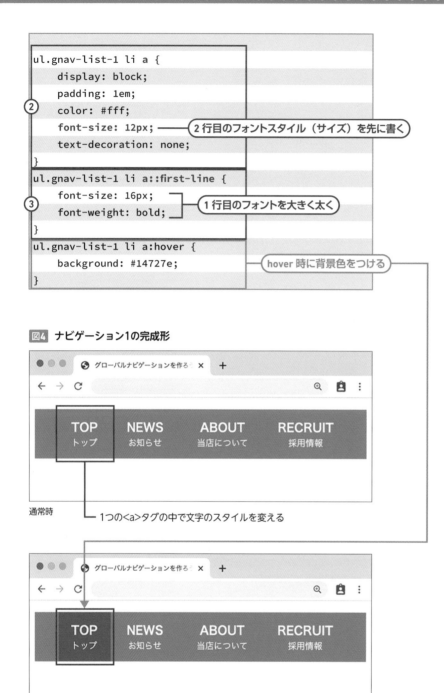

```
ul.gnav-list-1 li a {
    display: block;
    padding: 1em;
    color: #fff;
    font-size: 12px;
    text-decoration: none;
}
```
② 2行目のフォントスタイル（サイズ）を先に書く

```
ul.gnav-list-1 li a::first-line {
    font-size: 16px;
    font-weight: bold;
}
```
③ 1行目のフォントを大きく太く

```
ul.gnav-list-1 li a:hover {
    background: #14727e;
}
```
hover時に背景色をつける

図4 ナビゲーション1の完成形

通常時

1つの<a>タグの中で文字のスタイルを変える

ホバー時

テキストの中央寄せ

　<ul>タグに「text-align:center」を指定すると、子要素で「inline-block」にした<li>タグと、その子要素である<a>タグが中央寄せになります（図3 ①）。「text-align」はinline用の指定であり、blockには効かないので注意しましょう。

> **memo**
> <li>タグは特殊なタグで、デフォルトでは「display:list-item」というスタイルが適用されており、リスト項目としてマーカー付きで表示されています。そのため、これを「display: inline-block」に切り替えると、リスト項目としての表示でなくなるため、「list-style:none」を書かなくてもマーカーがなくなります。

疑似要素で1行目のスタイルだけを変える

　<a>タグの中は改行タグを記述しているため2行になっています。英語と日本語を併記する場合、どちらかを大きく、どちらかを小さく薄くすることでバランスがとれます。ここでは1行目を大きく、2行目の日本語を小さくします。

　2行目のスタイルを<a>タグに対して指定します（図3 ②）。次に、「a::first-line」（図3 ③）という疑似要素を使って1行目のスタイルを上書きします。

ナビゲーション2のCSS

　次は、アイコン付きのナビゲーションを作ります。ホバー時には下線が表示されるようなデザインにします。

　全体の組み方はナビゲーション1と同じで、<li>タグを「display:inline-block」で並べます。

図5　ナビゲーション2のCSS

```
*{ box-sizing: border-box;}
ul.gnav-list-2{
    background: #F0DCD4;
    padding: 0;
    text-align: center;
}
ul.gnav-list-2 li{
    display: inline-block;
}
ul.gnav-list-2 li a {
    display: block;            ← ボックスモデルを使いたいので block に
    padding: 20px 20px 10px;
    color: #7b645d;
    font-size: 14px;
    text-decoration: none;     下パディング 10px を、ホバー時はパ
}                              ディング 4px・ボーダー 6px に分ける
ul.gnav-list-2 li a:hover {
    padding-bottom: 4px;
    border-bottom: 6px solid #7b645d;    図6 ①
}
ul.gnav-list-2 li a img{
    display: block;            ← SVG 画像も block にすると改行が入って 2 行になる  図6 ②
    margin: 0 auto 1em;
    height: 24px;              ← 高さを揃えることで 5 つの並びがきれいになる
}
```

memo

図6 ではアイコン画像へのスタイルを書くときにセレクタが「ul.gnav-list-2 li a img」となっています。このようにセレクタが長くなって管理がしづらくなる場合は、<img>タグにclass名を付けて、classセレクタだけを使ってスタイルを記述してもよいでしょう。

図6　ナビゲーション2の完成形

通常時

ホバー時　　　　　6pxボーダー　図5 ①

ホバー時に下ボーダーを表示

　ホバーで6pxの下線が表示されるようにしています 図6 ①。ただし単にボーダーを追加させるだけだと、ホバー時のナビゲーションの高さ自体が+6pxになってしまいます。そのためここではあらかじめ指定しておいた「padding-bottom」の値を6px減らし、6pxのボーダーを追加することで全体の高さが変わらないようにしています。

Lesson3

11

60 min

テーブルをデザインする

THEME テーマ テーブル（表組み）を作ります。テーブル1つにつき複数のタグを使用しますが、構造を理解すれば難しくはありません。

テーブルの基本

テーブルは下記のタグで構成されています。

図1 テーブル(表)を作るタグ

タグ	説明
\<table\> タグ	1つのテーブル全体をまとめるタグ
\<tr\> タグ	table row の略で、テーブルの横の行を作るタグ。このタグの数がテーブルの行数になります
\<th\> タグ	見出しセルを作るタグ
\<td\> タグ	通常セルを作るタグ

　上記のタグを使って下記のようなテーブルを組んでみましょう。4行のテーブルなので、\<table\> タグの中にまず \<tr\> タグを4つ記述します。3列なのでそれぞれの \<tr\> タグの中に3つのセル（\<th\> タグ／ \<td\> タグ）が入ります 図2 〜 図5 。

図2 完成形

手ぶらでBBQ料金比較		
	コスパパック	**ボリュームパック**
金額	3,000円/人	5,000円/人
食材	無し（持ち込み）	肉200g+野菜
機材	コンロー式	コンロー式＋テントセット

※デフォルトではボーダーはついていません。ここでは見やすくするため全体と各セルにボーダーを指定しています。

図3　HTML

```
<table>
    <caption> 手ぶらで BBQ 料金比較 </caption>
    <tr>
        <th> </th>
        <th> コスパパック </th>
        <th> ボリュームパック </th>
    </tr>
    <tr>
        <th> 金額 </th>
        <td>3,000 円 / 人 </td>
        <td>5,000 円 / 人 </td>
    </tr>
    <tr>
        <th> 食材 </th>
        <td> 無し（持ち込み）</td>
        <td> 肉 200g+ 野菜 </td>
    </tr>
    <tr>
        <th> 機材 </th>
        <td> コンロ一式 </td>
        <td> コンロ一式＋テントセット </td>
    </tr>
</table>
```

テーブルにキャプションをつけるタグ

セルが空の場合は「 」を入れる（空白の意味）

これで横1行分

図4　CSS

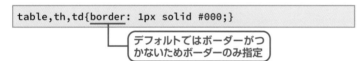

```
table,th,td{border: 1px solid #000;}
```

デフォルトではボーダーがつかないためボーダーのみ指定

図5　表の構造

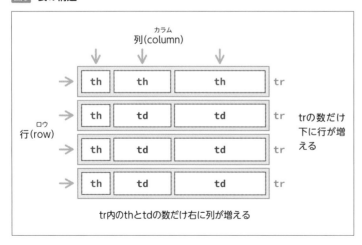

1つの <tr> タグの中に入っている th や td の数がテーブルの列数になるので、<tr> タグごとに中身のセル数が違うと、ガタガタのテーブルになってしまうのでセルの数に注意が必要です。

デザインの前準備

テーブルにボーダーを指定すると、**図1**のようにセル同士に隙間があり、二重になって見えます。この隙間をなくして整えるには、2行の事前準備が必要になります**図6**。

memo

reset.cssを使用する場合、この準備作業はreset.cssにすでに組み込まれている事が多いです。また、たった2行でも何度も書くのは面倒なので、reset.cssに組み込まれていなくても自分で追記しておくと、のちのち楽になります。

図6 ボーダーの調整

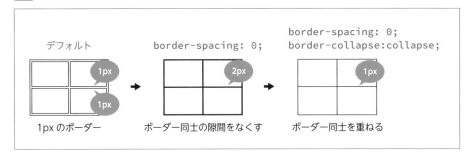

デザイン例

テーブルは、見出しと通常セルの見た目を区別させることと、テーブルの幅の指定が肝心です。また、モバイルの画面はPCに比べて小さくて縦長なので、列数が多いテーブルは非常に見づらくなります。HTMLを書く段階で、モバイルでも見やすい表組みを心がけましょう。また、セルの幅はemや％で指定するとよいでしょう。

図7 HTML

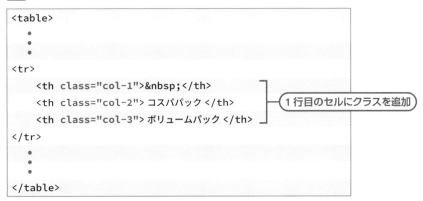

```
<table>
    ・
    ・
    ・
<tr>
    <th class="col-1"> </th>
    <th class="col-2"> コスパパック </th>
    <th class="col-3"> ボリュームパック </th>
</tr>
    ・
    ・
    ・
</table>
```

1行目のセルにクラスを追加

図8 CSS

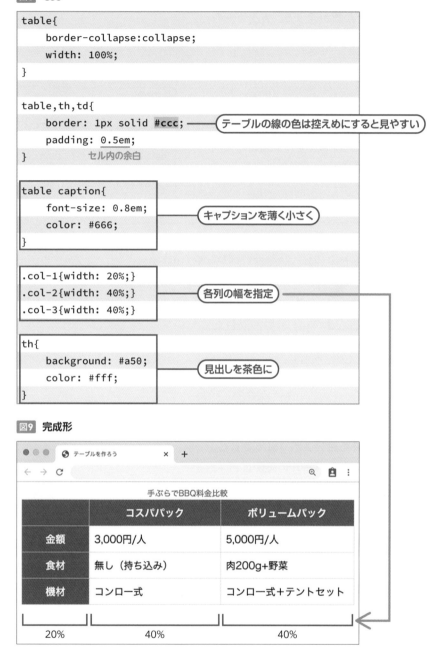

```
table{
    border-collapse:collapse;
    width: 100%;
}

table,th,td{
    border: 1px solid #ccc;  ──── テーブルの線の色は控えめにすると見やすい
    padding: 0.5em;
}          セル内の余白

table caption{
    font-size: 0.8em;       キャプションを薄く小さく
    color: #666;
}

.col-1{width: 20%;}
.col-2{width: 40%;}        各列の幅を指定
.col-3{width: 40%;}

th{
    background: #a50;       見出しを茶色に
    color: #fff;
}
```

図9 完成形

各列の幅

　テーブルは各セルの文字量によって、各列の幅が自動で割り振られます。それによって見栄えが悪くなるようであれば幅を指定しましょう。**図7**では各列の1行目のセルにclassを振って、それぞれに幅を%指定しています**図8** **図9**。

セルを結合する

　Excelのようにセルを結合することができます。<th>タグや<td>タグの属性でcolspan（横に結合）、rowspan（縦に結合）を使い、属性値には結合するセルの数を入力します。

　たとえば図10のように<th>タグに「colspan="2"」と記述すると、<th>タグはセル2つ分の大きさになるので、同じ<tr>タグ内のセルを1つ減らす必要があります。結合というより、セルを伸ばすイメージです。

図10　セルの結合

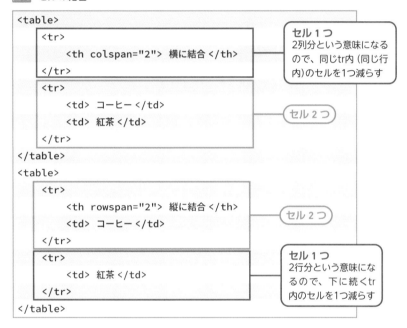

図11　完成形

なお、結合した分のセルを減らさないと、セルがはみ出してしまいます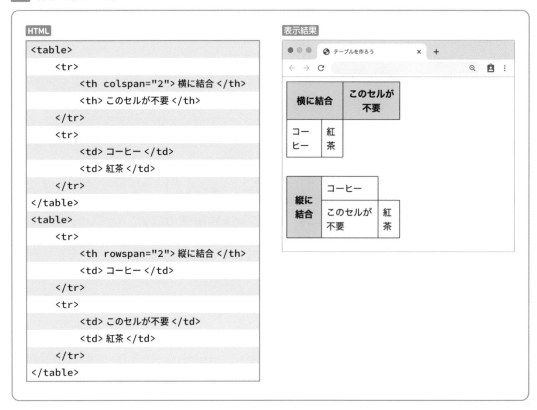図12。

図12 結合の間違った例

HTMLとCSSの
応用

HTMLとCSSの基本をマスターしたら、応用編に入ります。
CSSで要素を左右横並びに配置してナビゲーションを作成
したり、FlexboxやCSS Gridを用いてレイアウトしたりす
る方法を解説していきます。

読む　　練習　　制作

Lesson4-01 Flexboxによる3カラムのレイアウト

THEME テーマ
Lesson3-10では「display:inline-block」を使って要素を均等に横並びにする方法を紹介しましたが、ここではFlexboxという技法を学びます。ブレイクポイントを使って、PCでは3カラム、モバイルでは1カラムという切り替えも簡単に行うことができます。

説明リストの作成（<dl>タグ）

本節のサンプルではリストを作成し、各項目を横並びにレイアウトします。Lesson3-09（87ページ）ではリストを作成するタグとして<ul>タグや<ol>タグを紹介しましたが、ここでは異なるタイプのリストタグを使います。「説明されるもの（<dt>タグ）」と「それを説明することば（<dd>タグ）」が1セットになる「説明リスト」です。

たとえば<dt>タグの内容が「りんご」ならば<dd>タグは「赤くて甘い果物」のように説明を書きます。厳密な言葉の定義をするものではなく、<dt>と<dd>の内容がイコールになればよいので、採用サイトなどで「募集職種（<dt>）」「Webデザイナー、ディレク

> **memo**
> 図1 では「使い方が簡単！」などのキャッチコピーについての説明を<dd>タグで行なっています。1つのセットの中身はdtが1つ以上、ddが1つ以上必要です。1つのdtに対しddが2つ並んでもOKです。

図1 HTMLとデフォルト表示

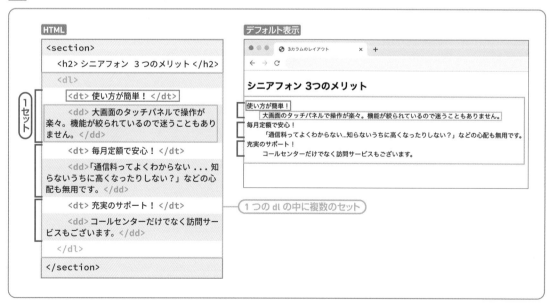

ター（<dd>）」のようにも使えます。デフォルトでは <dd> にインデントが入ったスタイルになっています 図1。

flexboxによる3カラムのデザイン

上記例の「3つのメリット」のように、商品やサービスの特徴を3つ並べるデザインはWebでもよく見られます。ここではブレイクポイント⊕を使って、PCのように画面が大きい場合は横に3つ並び、画面の小さなモバイルでは縦一列に並ぶように切り替えてみましょう。

27ページ、**Lesson1-06**参照。

Lesson 3-10（92ページ）で紹介した「display:inline-block」は、並ばせる要素の文字量が少ないときは便利ですが、文字量に差があると高さが揃わずガタガタになってしまったり、逆に高さを指定すると文字が要素からはみ出たりという問題点があります。そこで「Flexbox」とよばれる手法を用いると、文字量に差があっても自動的に高さが揃うので、簡単に美しく並べることができます。また、意図しないカラム落ちを防ぐこともできます。

CSS を書く前の準備

横並びにする3つのかたまりを ! <div> タグで囲み、class をつけます。また、3つの親要素になる <dl> タグにもclass をつけます 図2。

> **POINT**
>
> <div>タグというのは、HTMLでありながらそれ自体に意味はありません。sectionやarticleには該当しないけれど、CSSを適用させるためにかたまりを作りたい、classを付与したい、といった場合に使います。

図2 **<div>タグとclassを追記したHTML（表示結果は 図1 と同じ）**

```
<section>
  <h2> シニアフォン 3つのメリット </h2>
  <dl class="flex-container">                          .flex-container
    <div class="flex-item">
      <dt> 使い方が簡単！ </dt>
.flex-item  <dd> 大画面のタッチパネルで操作が楽々。機能が絞られているので迷うこともありません。</dd>
    </div>
    <div class="flex-item">
      <dt> 毎月定額で安心！ </dt>
      <dd>「通信料ってよくわからない ... 知らないうちに高くなったりしない？」などの心配も無用です。</dd>
    </div>
    <div class="flex-item">
      <dt> 充実のサポート！ </dt>
      <dd> コールセンターだけでなく訪問サービスもございます。</dd>
    </div>
  </dl>
</section>
```

横並びにしたい要素の親要素（.flex-container）に「display:flex」と指定するだけで、中身（.flex-item）が横並びになります。さらにさまざまな設定を追記していくことで、細かい指定ができます。

　ここでは小さな要素を3カラム（モバイルでは1カラム）にしていますが、大きな要素で行えば、ページ全体のレイアウトを組むこともできます図3 図4。

memo
flexbox関連のCSSは、親要素に書くものと子要素に書くものが混在するので要素の親子関係を把握することが肝心です。

図3 CSSと表示結果

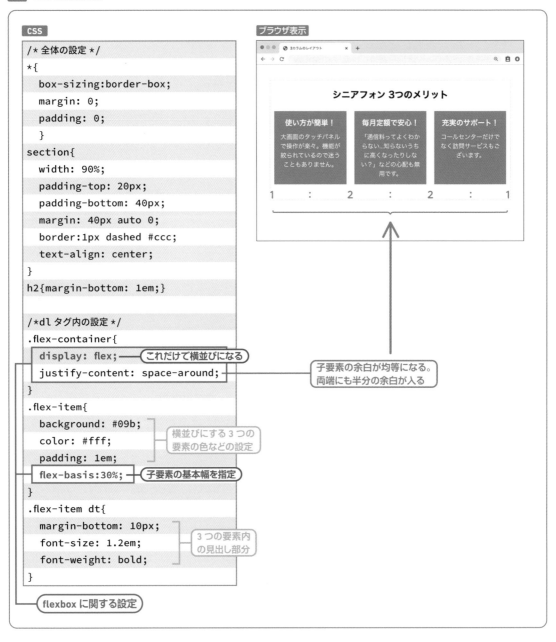

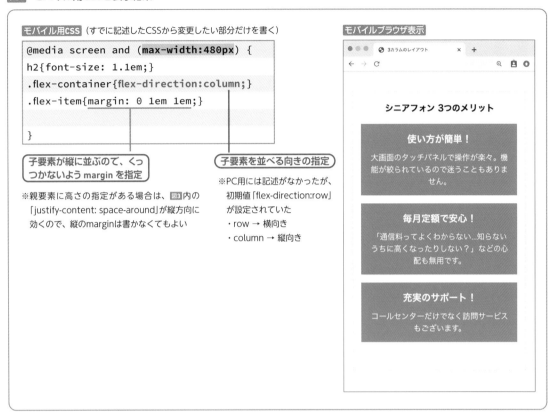

図4 モバイル用CSSと表示結果

モバイル用CSS（すでに記述したCSSから変更したい部分だけを書く）

```
@media screen and (max-width:480px) {
h2{font-size: 1.1em;}
.flex-container{flex-direction:column;}
.flex-item{margin: 0 1em 1em;}

}
```

子要素が縦に並ぶので、くっ
つかないよう margin を指定

※親要素に高さの指定がある場合は、図3内の
「justify-content: space-around」が縦方向に
効くので、縦のmarginは書かなくてもよい

子要素を並べる向きの指定

※PC用には記述がなかったが、
初期値「flex-direction:row」
が設定されていた
・row → 横向き
・column → 縦向き

モバイルブラウザ表示

シニアフォン 3つのメリット

使い方が簡単！

大画面のタッチパネルで操作が楽々。機
能が絞られているので迷うこともありま
せん。

毎月定額で安心！

「通信料ってよくわからない...知らない
うちに高くなったりしない？」などの心
配も無用です。

充実のサポート！

コールセンターだけでなく訪問サービス
もございます。

📎 **memo**

flexbox関連のプロパティは非常に多
く、並べる向きを変えたり、位置を変え
たりとさらに色々な設定ができます。こ
こで出てきたプロパティは基本なので、
さらに調べてみましょう。

CSS Gridを使ったレイアウト

THEME テーマ CSS Gridと呼ばれる方法でレイアウトをしてみましょう。Flexboxやinline-blockと違い、行と列を使って二次元的に要素を配置をする方法です。IE11への対応はサポートする記述が必要です（IE10以前は非対応）。

CSS Gridとは

　CSS Grid Layout Module（以下「CSS Grid」）とは、「グリッド」と呼ばれる見えない罫線を生成し、マス目を使ってレイアウトするシステムです。flexbox でも同じようなレイアウトを作れますが、CSS Grid は要素を二次元的に配置することができ、写真ギャラリーなどの配置も簡単に作ることができます。

図1 HTMLとGridを書く前段階のCSS

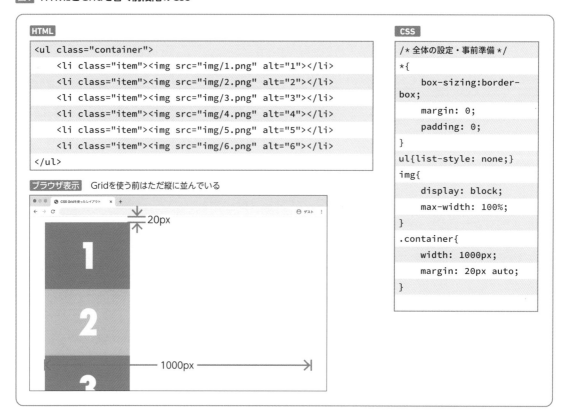

HTML
```
<ul class="container">
    <li class="item"><img src="img/1.png" alt="1"></li>
    <li class="item"><img src="img/2.png" alt="2"></li>
    <li class="item"><img src="img/3.png" alt="3"></li>
    <li class="item"><img src="img/4.png" alt="4"></li>
    <li class="item"><img src="img/5.png" alt="5"></li>
    <li class="item"><img src="img/6.png" alt="6"></li>
</ul>
```

CSS
```
/* 全体の設定・事前準備 */
*{
    box-sizing:border-box;
    margin: 0;
    padding: 0;
}
ul{list-style: none;}
img{
    display: block;
    max-width: 100%;
}
.container{
    width: 1000px;
    margin: 20px auto;
}
```

ブラウザ表示　Gridを使う前はただ縦に並んでいる

　なお、CSS Gridは、現在はほとんどの最新ブラウザでサポートされていますが、IE11ではベンダープレフィックスや機能を補助する記述が必要です。

グリッドを作る

　本節では番号の書かれた画像を行と列の2方向から指定して配置していきます。図1はベースとなるHTML/CSSです。グリッドはテーブルのように列と行で構成します。grid-template-columnsプロパティとgrid-template-rowsプロパティを使って、箱の数と大きさを指定します。grid-template-columnsは、数値を書いた数だけ横に列が増え、grid-template-rowsでは数値を書いた数だけ下に行が増えていきます。図2の記述では、320pxの列が3つと240pxの行が2つ生成されます。

　なお、IE11には効かないため、-ms-grid-columnsと-ms-grid-rowsというプロパティも併記します。接頭辞「-ms-」だけでなくプロパティ名も異なっていることに注意しましょう。

　アイテム同士の間隔を決めるには、marginなどは使わず、コンテナにgrid-gapプロパティで指定します。

POINT

古いブラウザに対応させるための接頭辞を「ベンダープレフィックス」といいます。ここではIE11に対応させるため「-ms-」というベンダープレフィックスを記述しています。

memo

grid-gapプロパティはgapプロパティに、プロパティ名称が変更されました。

図2　グリッドを作る

```
CSS  ※青字はIE11用の記述

/*Grid の設定 */
.container{
    display: -ms-grid;          ┐ CSS Grid を有効化
    display: grid;              ┘
    -ms-grid-columns: 320px 20px 320px 20px 320px;   列（column）の幅と数を指定
    grid-template-columns: 320px 320px 320px;
    -ms-grid-rows:240px 20px 240px;                  行（row）の高さと数を指定
    grid-template-rows: 240px 240px;
    grid-gap:20px;             アイテム同士の間隔（縦も横も）
}

/*IE11 用 アイテムの設定 */
.container .item:nth-child(1){
    -ms-grid-row: 1;           ┐ 1行目、1列目
    -ms-grid-column: 1;        ┘
}
.container .item:nth-child(2){
    -ms-grid-row: 1;           ┐ 1行目、3列目
    -ms-grid-column: 3;        ┘
}
```

memo

IE11にはアイテム同士の間隔を指定するgrid-gapが効かないため、隙間部分もグリッドの箱として配置する必要があります。IE11の記述 (-ms-grid-columnsと-ms-grid-rows) の値に、1つおきにgrid-gapと同じ数値（ここでは20px）を記述します。

memo

偶数行目、偶数列目はIE11用の隙間を作るための箱になるので、奇数行目、奇数列目に要素を配置。

↓次ページへ続く

```
.container .item:nth-child(3){
    -ms-grid-row: 1;
    -ms-grid-column: 5;
}
.container .item:nth-child(4){
    -ms-grid-row: 3;
    -ms-grid-column: 1;
}
.container .item:nth-child(5){
    -ms-grid-row: 3;
    -ms-grid-column: 3;
}
.container .item:nth-child(6){
    -ms-grid-row: 3;
    -ms-grid-column: 5;
}
```

（1行目、5列目）

（3行目、1列目）

（3行目、3列目）

（3行目、5列目）

ブラウザ表示

レスポンシブにする

　ブラウザの幅が1000pxを切るとアイテムがはみ出るので、ブレイクポイントを999pxにします。先ほどの 図2 では幅320pxの列が3つだったのに対し、図3 のCSSでは、155pxの列が2つになっています。代わりに行が増えています。

図3 レスポンシブにする

CSS

```
@media screen and (max-width: 999px){
    .container{
        width: 320px;
        -ms-grid-columns: 155px 10px 155px;
        grid-template-columns: 155px 155px;
        -ms-grid-rows: 116px 10px 116px 10px 116px;
        grid-template-rows: 116px 116px 116px;
        grid-gap:10px;
    }
/*IE11用 アイテムの設定 */
    .container .item:nth-child(1){
        -ms-grid-row: 1;
        -ms-grid-column: 1;
    }
    .container .item:nth-child(2){
        -ms-grid-row: 1;
        -ms-grid-column: 3;
    }
    .container .item:nth-child(3){
        -ms-grid-row: 3;
        -ms-grid-column: 1;
    }
    .container .item:nth-child(4){
        -ms-grid-row: 3;
        -ms-grid-column: 3;
    }
    .container .item:nth-child(5){
        -ms-grid-row: 5;
        -ms-grid-column: 1;
    }
    .container .item:nth-child(6){
        -ms-grid-row: 5;
        -ms-grid-column: 3;
    }
}
```

要素がはみださないブレイクポイントを指定

小さいデバイスに合わせた幅

width に収まるよう、2列3行に変更

IE用にアイテムの位置を再設定

モバイルブラウザ表示

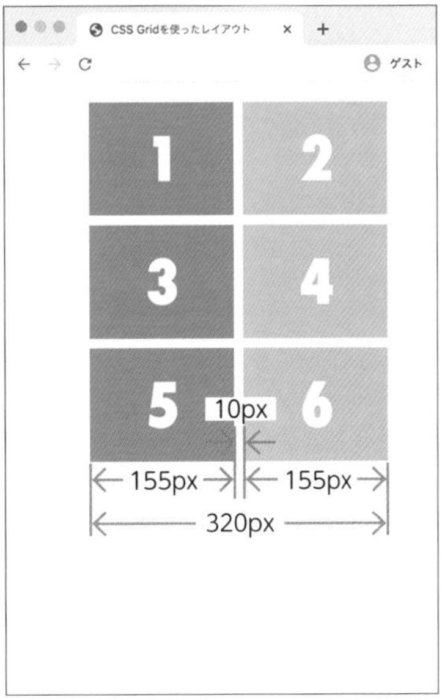

可変幅にしてみよう

図1 〜 図3 のCSSでは各グリッドの幅やコンテナの幅をpxで指定しているため、計算が面倒です。また、999px以下になった途端余白が大きく生まれてしまいます。CSS Gridには便利な可変の単位（fr）が用意されているため、それを使ってもう少し簡単に、かつ最適表示にできるようにしてみましょう 図4（HTMLは 図1 と同じです）。

memo

紙面上では 図2 図3 との違いがわかりにくいため、実際に自分でブラウザで開き、ウィンドウ幅を変えて確認してみましょう。

図4 （frを使った可変バージョンのCSS）

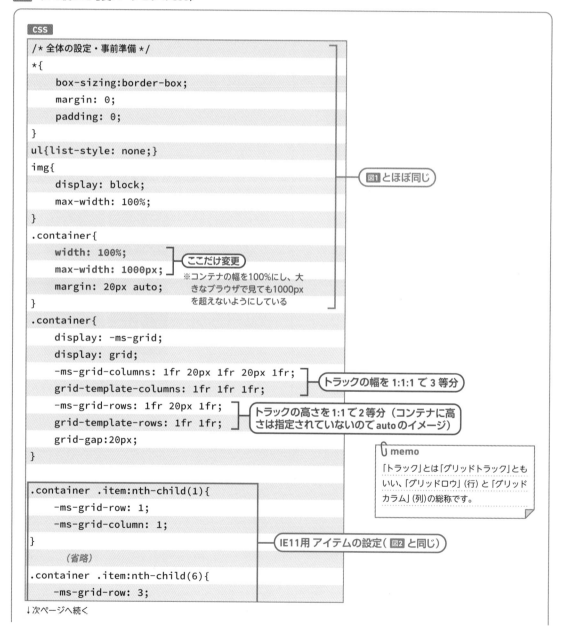

```
CSS
/* 全体の設定・事前準備 */
*{
    box-sizing:border-box;
    margin: 0;
    padding: 0;
}
ul{list-style: none;}
img{
    display: block;
    max-width: 100%;
}                                        ← 図1とほぼ同じ
.container{
    width: 100%;
    max-width: 1000px;
    margin: 20px auto;
}
.container{
    display: -ms-grid;
    display: grid;
    -ms-grid-columns: 1fr 20px 1fr 20px 1fr;
    grid-template-columns: 1fr 1fr 1fr;
    -ms-grid-rows: 1fr 20px 1fr;
    grid-template-rows: 1fr 1fr;
    grid-gap:20px;
}

.container .item:nth-child(1){
    -ms-grid-row: 1;
    -ms-grid-column: 1;
}
      （省略）
.container .item:nth-child(6){
    -ms-grid-row: 3;
```

ここだけ変更
※コンテナの幅を100%にし、大きなブラウザで見ても1000pxを超えないようにしている

トラックの幅を1:1:1で3等分

トラックの高さを1:1で2等分（コンテナに高さは指定されていないのでautoのイメージ）

memo

「トラック」とは「グリッドトラック」ともいい、「グリッドロウ」（行）と「グリッドカラム」（列）の総称です。

IE11用 アイテムの設定（ 図2 と同じ）

↓次ページへ続く

```
    -ms-grid-column: 5;
}

@media screen and (max-width: 650px){
    .container{
        -ms-grid-columns: 1fr 10px 1fr;
        grid-template-columns: 1fr 1fr;
        -ms-grid-rows: 1fr 10px 1fr 10px 1fr;
        grid-template-rows: 1fr 1fr 1fr;
        grid-gap:10px;
    }


    .container .item:nth-child(1){
        -ms-grid-row: 1;
        -ms-grid-column: 1;
    }
      (省略)
    .container .item:nth-child(6){
        -ms-grid-row: 5;
        -ms-grid-column: 3;
    }
}
```

画像の大きさが320pxなので、320+320+10(gap)=650

モバイル向けにも fr を使う
列と行の数を変えただけ

間隔も少し狭く

IE11用 アイテムの設定
（図3 と同じ）

PCのブラウザ表示

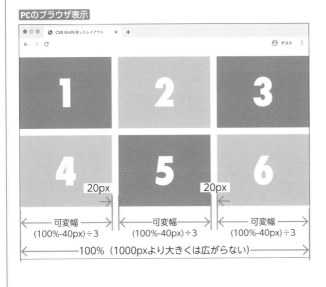

モバイルのブラウザ表示

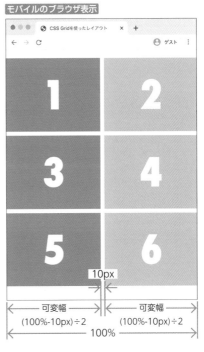

背景に関するプロパティを使いこなそう

THEME テーマ
背景に関するCSSプロパティはとても豊富です。背景画像を重ねたり、グラデーションもCSSで表現できるようになりました。すべてを丸暗記する必要はありませんが、CSSでどういうことができるのか、ひとつひとつ理解しておきましょう。

基本的な背景の設定

これまでのサンプルですでに何度か使われている background は、背景に関する指定をまとめて行えるプロパティです。background-color（背景色）や background-image（背景画像）など、個別に設定するプロパティもありますが、背景に関するプロパティはとても多いため、⚠ background プロパティにまとめるのが一般的です。各値は省略でき、その場合は初期値が適用されます 図1。

⚠ POINT

背景画像の位置はleftやtopなどの単語の他、pxや%を使って左・上からの距離を指定できます。背景画像の位置だけ横・縦の順で記述しますが、それ以外の並び順は基本的に自由です。また繰り返しの指定をrepeat-x、repeat-yとすると水平方向・垂直方向のみに繰り返すことができます。

図1 背景の基本設定（サンプルのHTMLとCMS）

```
HTML
<div class="bg-001">
    <p>.bg-001<br> 背景画像を敷き詰める </p>
</div>

<div class="bg-002">
    <p>.bg-002<br> 背景色と背景画像 </p>
</div>
```

```
CSS  （背景に関する指定以外は省略）

                                                    横方向  縦方向
.bg-001{background: url("../img/bg-stripe.png") left center repeat;}
                    背景画像                      背景画像の位置 繰り返す＝敷き詰める

.bg-002{background: #98807b url("../img/bg-cat.png") center bottom no-repeat;}
                    背景色        背景画像           背景画像の位置    繰り返さない
```

表示結果

.bg-001

.bg-002

背景画像のサイズを指定する

背景画像のサイズを変えたい場合はbackground-sizeプロパティを使います。このプロパティもbackgroundプロパティにまとめることができますが、まとめすぎると1行の記述が長くなり管理しづらくなるため、個別に指定するほうがわかりやすいでしょう図2。

図2 背景画像のサイズ

HTML

```
<div class="px">150px 50px <br>px 指定は、背景
画像自体のサイズを調整します。縦横どちらかを auto にすれ
ば画像は歪みません。</div>

<div class="per">50% 50% <br>%指定は、領域に対
しての割合です。縦横どちらかを auto にすれば画像は歪みま
せん。</div>

<div class="cover">cover <br> 比を保ったまま領
域全面を覆う最小サイズ。一部が見切れます。</div>

<div class="contain">contain <br> 比を保った
まま画像を最大限大きく表示するサイズ。上下か左右に余白が
出ます。</div>
```

CSS （背景に関するCSS以外のCSS記述は省略）

```
div { background: url("../img/bg-cat-
light.png") right bottom no-repeat; }

.px { background-size: 150px 50px; }

.per { background-size: 50% 50%; }

.cover { background-size: cover; }

.contain { background-size: contain; }
```

ブラウザ表示

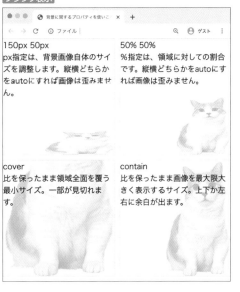

さまざまな背景

　背景画像を2枚重ねたり、グラデーションと画像を重ねてみましょう 図3。

図3　背景の指定を複数書いて重ねる

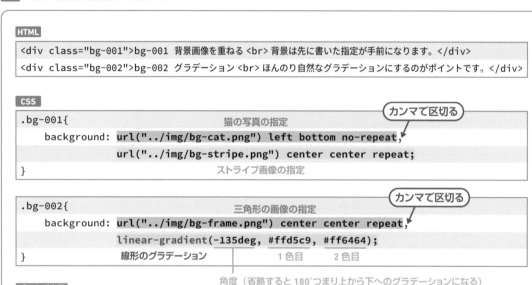

HTML
```
<div class="bg-001">bg-001 背景画像を重ねる <br> 背景は先に書いた指定が手前になります。</div>
<div class="bg-002">bg-002 グラデーション <br> ほんのり自然なグラデーションにするのがポイントです。</div>
```

CSS

カンマで区切る
```
.bg-001{                          猫の写真の指定
    background: url("../img/bg-cat.png") left bottom no-repeat,
                url("../img/bg-stripe.png") center center repeat;
}                 ストライプ画像の指定
```

カンマで区切る
```
.bg-002{                          三角形の画像の指定
    background: url("../img/bg-frame.png") center center repeat,
                linear-gradient(-135deg, #ffd5c9, #ff6464);
}         線形のグラデーション        1色目        2色目
```
角度（省略すると180°つまり上から下へのグラデーションになる）

ブラウザ表示

.bg-001

.bg-002

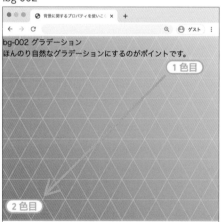

使用した画像

bg-cat.png

bg-frame.png

bg-stripe.png

> **memo**
> グラデーションはここではliner-gradientを使用しましたが、radial-gradientを使うと円形のグラデーションにできます。また、グラデーションに半透明の写真をかけ合わせるなど、アイディア次第で幻想的なイメージや先進的なイメージを作ることができます。

Lesson4 04

要素を重ねて雑誌風レイアウトを作る

THEME テーマ ページ上の各要素は基本的には重ならず、横か縦に並びます。しかし、positionプロパティを使うと、要素の位置をずらしたり、要素を重ねたりできるようになります。うまく使えば、雑誌のようなレイアウトも組むことができます。

positionプロパティの基本

positionプロパティは、名前の通り位置（ポジション）を動かすためのプロパティです。実際の位置はtop、bottom、left、rightプロパティを一緒に使って指定します。

「position:relative」を使うと、相対的な指定となります。つまり、本来配置される位置を基準に上から何px、右から何pxのように指定します。もちろん％やemなどの単位も使えます 図1 。

図1 position:relativeの考え方

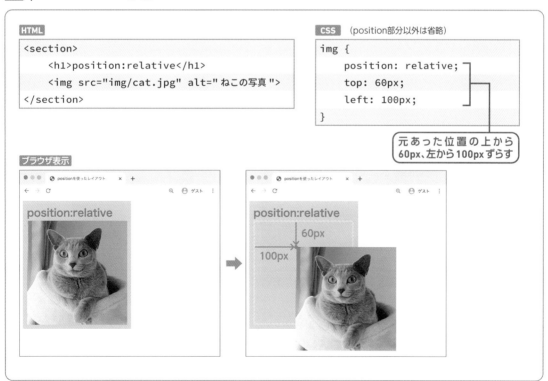

```
HTML
<section>
    <h1>position:relative</h1>
    <img src="img/cat.jpg" alt="ねこの写真 ">
</section>
```

```
CSS （position部分以外は省略）
img {
    position: relative;
    top: 60px;
    left: 100px;
}
```

元あった位置の上から60px、左から100pxずらす

ブラウザ表示

絶対指定

「position:absolute」を使うと絶対指定となります。つまり、本来の位置は関係ありません。親要素に「position:relative」を書いておくことで、その親要素を基準とします。absoluteを使う場合に気をつけておきたいのは、absoluteを使った要素はレイヤー1枚分浮いたようになるため、親要素に認識してもらえなくなり、親要素が縮んでしまいます。親要素に縮んでほしくない場合はrelativeをつかったり、親要素自体に高さを指定しておくとよいでしょう 図2 。

図2 「position:absolute」の考え方

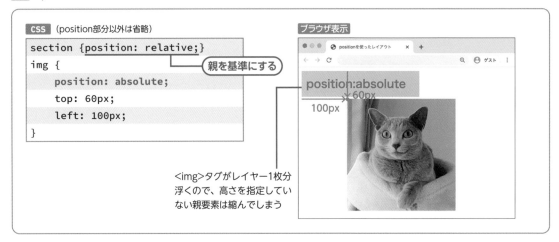

雑誌風にレイアウト

positionプロパティを使って、テキストと写真の一部を重ねるようなデザインもできます 図3 図4 。

図3 positionを使ったデザイン

図4 **図3** のコード

HTML sectionの中身を2つに分けている

```html
<section>
    <div class="text-box">
        <h2> 香り豊かなコーヒーと過ごす <br> 静かな時間 </h2>
        <p>MdN Coffee は静かにコーヒーを楽しみたい方のためのカフェです。周り
を気にせずおくつろぎ頂けるよう、店内は 10 席のみ。<br> サイフォンで 1 杯 1 杯丁寧に
淹れるコーヒーは香り高く、ご提供までの時間も香りと音をお楽しみいただけます。</p>
    </div>
    <div class="img-box">
        <img src="img/coffee.jpg" alt=" カフェの店内写真 ">
    </div>
</section>
```

> **memo**
>
> positionを複数箇所使って重ねるときは、z-indexプロパティを使って重ね順を指定します。値には整数が入ります。0を基準として大きな数字になるほど重なりの一番上にきます。絶対に隠れてほしくない要素（グローバルナビゲーションなど）は100や200などあらかじめ大きな数字を入れましょう。

CSS

```css
@charset "utf-8";
/* 共通設定 */
*{
    margin: 0;
    padding: 0;
    box-sizing: border-box;
}
 img{
     display: block;
     max-width: 100%;
 }

body{background: #E2D0BC;}
section{
    margin: 0 auto;
    width: 1000px;
    max-width: 100%;
    height: 600px;
    position: relative;
}
.text-box{
    font-family: " 游明朝 ", YuMincho, serif;
    width: 600px;
    padding: 20px;
    background: #fff;
    box-shadow: 0 0 20px 2px rgba(0,0,0,0.2);
    position: absolute;
    top:320px;
    left:0;
}
h2{
    font-size: 1.8em;
    margin-bottom: 0.5em;
}
```

`position: relative;` ── 位置の基準

`position: absolute; top:320px; left:0;` ── section を基準に位置を決める

```css
.img-box{
    width: 70%;
    margin-left: 30%;
}

@media screen  and (max-width: 480px){
    section{
        width: 100%;
        height: 600px;
    }
    .text-box{
        width: 90%;
        top:60vw;
        left:0;
    }
    h2{
        font-size: 1.3em;
        margin-bottom: 0.5em;
    }
    .img-box{
        width: 100%;
        margin-left: 0;
    }
}
```

`.img-box{ width: 70%; margin-left: 30%; }` ── img は section で はなくwidthとmarginで右揃えにしている

`top:60vw; left:0;` ── モバイル用に数値を変える

POINT

box-shadowは名前のとおりボックスに影を付けるプロパティです。値は半角スペースで区切って[Xオフセット][Yオフセット][ぼかしの幅][広がりの幅][色]で指定します。ここでは色を「rgba(0,0,0,0.2)」としています。RGBAは半透明の色を指定するのに便利な方法で、red、green、blue、alpha（不透明度）の順に指定します。ここでは黒の不透明度20%の色ということを示しています。

119

ホバーで開くグローバルナビゲーションを作ろう

THEME
テーマ

Lesson4-04で出てきたpositionプロパティを使って、「メニューをホバーすると下層メニューが出てくる」ようなグローバルナビゲーションを作成し、さらに作ったナビゲーションをスクロールしても流れないように画面に固定させてみましょう。

リストの中にリストを作る

図1のように、リストの中にリストを入れ子にすることで、下層メニューを作ることができます。下層を作りたい`<li>`タグの中に、もうひとつ`<ul>`タグと`<li>`タグのセットを書きます。`<li>`タグの外側にならないよう気をつけましょう。

WORD **ホバー**

マウスなどを使ってカーソルを要素の上に重ねること。マウスオン、マウスオーバーなどとも呼ばれる。

図1 HTMLとデフォルト表示

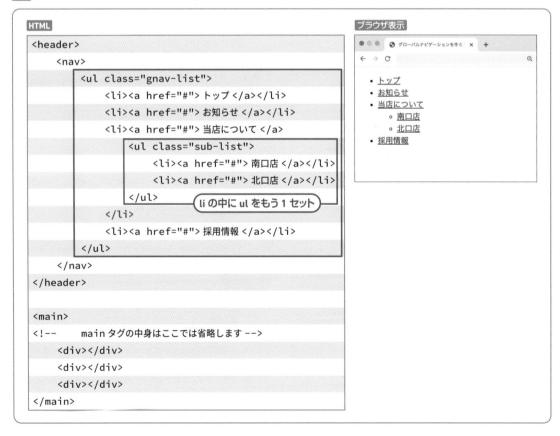

ナビゲーションのCSS

　Lesson3-10と同じようなやり方で、ナビゲーションをデザインしていきます。下層部分は最終的に非表示にする必要がありますが、その前にここで一通りスタイリングをしておきます。<a>タグにpaddingを付けてクリックしやすくするため、<a>タグに「display:block」を指定しています 図2 。

図2　全体の設定とナビゲーションの装飾

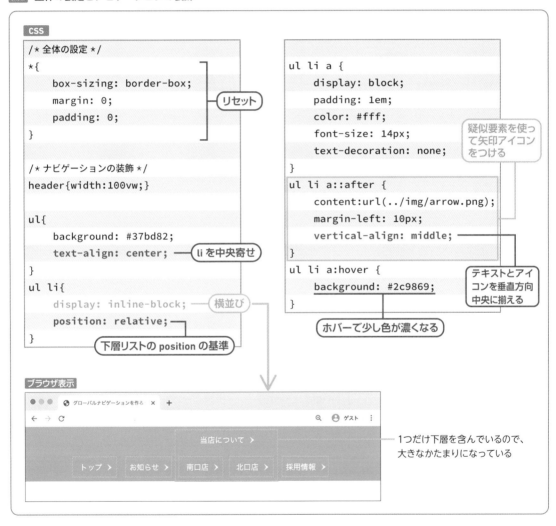

下層リストの位置と表示／非表示の設定

　次に、下層リストが開いた状態をpositionを使って作っていきます。それができたら最後に非表示の設定と、ホバー時に表示される設定を加えます。 図3 のCSSまで書けたら、自分でホバーをして、表示されるか確かめてみましょう。

図3　下層リストの表示／非表示の設定

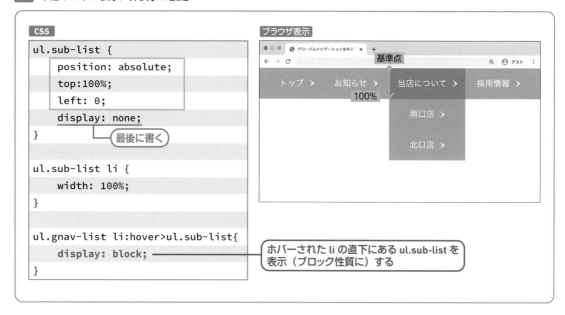

```
ul.sub-list {
    position: absolute;
    top:100%;
    left: 0;
    display: none;         ← 最後に書く
}

ul.sub-list li {
    width: 100%;
}

ul.gnav-list li:hover>ul.sub-list{
    display: block;        ← ホバーされた li の直下にある ul.sub-list を
}                             表示（ブロック性質に）する
```

「position:fixed」で画面に固定する

fixedは「固定された」という意味で、適用された要素はスクロールしても流れず、画面上に固定することができます。ここまでスタイリングは <ul> タグ以下に行ってきましたが、headerの中にロゴが入ったり問い合わせ先が入ったりすることを想定して、header全体を固定してみます図4。

図4　headerを画面に固定する

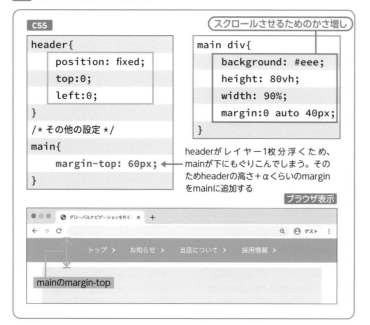

```
header{
    position: fixed;
    top:0;
    left:0;
}
/* その他の設定 */
main{
    margin-top: 60px;
}
```

スクロールさせるためのかさ増し

```
main div{
    background: #eee;
    height: 80vh;
    width: 90%;
    margin:0 auto 40px;
}
```

headerがレイヤー1枚分浮くため、mainが下にもぐりこんでしまう。そのためheaderの高さ＋αくらいのmarginをmainに追加する

mainのmargin-top

Lesson4 06 フッターをデザインする

> **THEME テーマ** Webサイトのフッターは、地味なようで重要なテキスト情報がたくさん盛り込まれていることが多くあります。情報をきちんと整理し、マークアップに気をつけましょう。

フッターの役割

　フッターはメインコンテンツではないので、シンプルな見た目にするなど、メインコンテンツとメリハリをつけるとよいでしょう。また、フッターは重要な情報を集約しているエリアですので、情報整理がデザインの鍵となります 図1 。

　フッターに記載する要素にこれといった決まりはありませんが、一般的なコーポレートサイトでは、次のような情報を記載していることが多いようです。

- ロゴや会社名（サービス名）
- サイトマップのようなサイト内リンク集
- 各種SNSリンク
- 電話番号や住所
- グループ会社などの外部リンク
- コピーライト表示

図1 HTMLとデフォルト表示

HTML

```html
<footer>
    <div class="footer-inner">
        <img src="img/logo.png" alt="ロゴ：Natural Coffee">
        <address> 〒101-0051 東京都千代田区神田神保町 1 丁目 105 <br>
            00-0000-0000
        </address>
        <nav class="footer-nav">
            <ul>
                <li><a href="#"> トップ </a></li>
                <li><a href="#"> お知らせ </a></li>
```

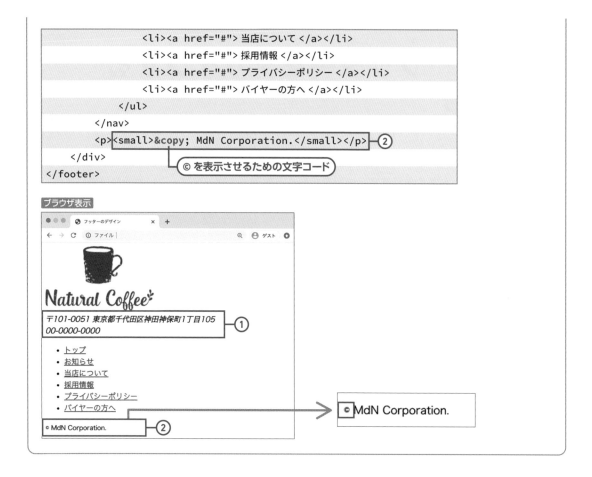

```
                    <li><a href="#"> 当店について </a></li>
                    <li><a href="#"> 採用情報 </a></li>
                    <li><a href="#"> プライバシーポリシー </a></li>
                    <li><a href="#"> バイヤーの方へ </a></li>
                </ul>
            </nav>
            <p><small>&copy; MdN Corporation.</small></p>  ②
        </div>
                      └── © を表示させるための文字コード
    </footer>
```

ブラウザ表示

`<address>`タグと`<small>`タグ

　この2つはよくフッターで用いられるタグです（フッター以外にも使うことができます）。`<address>`タグはページ制作者もしくは管理者の連絡先（電話番号、住所、メールアドレス、名前など）などに使います。サイト内で他者を紹介する場合には使用しません。デフォルトスタイルでは「font-style:italic」が適用されており、斜体で表示されています。

　`<small>`タグは注釈や細目を示すタグです。デフォルトスタイルでは他の文字よりひと回り小さくなりますが、文字を小さくする目的では使いません。Webサイトでは主にコピーライト表記に用いられますが、「重要」という意味は持ち合わせていません。サイト内で重要な情報には`<strong>`タグを使いましょう。

　コピーライト表記の©マークは特殊文字なので、そのまま記述すると文字化けする可能性があります。特殊文字を入力したい場合は🖊文字コードを使います。©マークの場合はすべて半角で「©」です。

> 📑 memo
>
> 重要な注釈であれば、「`<strong><small>`～`</small></strong>`」のように入れ子にすることも可能です。

> ❗ POINT
>
> 特殊文字は©のほか、コーディングやプログラミングで使う半角記号も含まれます。半角の＜＞や＆などを文章中に使いたい場合も文字コードで書く必要があります。それぞれ実際の文字コードについては「特殊文字コード表」で検索してみるとよいでしょう。

フッターをデザインする

図1 のHTMLをもとに、デザインの一例としてフッターを中央揃えに、リストを横並びにしてみましょう。

図2 CSSと表示結果

CSS

```
/* 全体の設定 */
*{
    box-sizing:border-box;
    margin: 0;
    padding: 0;
}

/* レイアウト */
footer{
    width: 100%;
    background: #7b645d;
    padding: 60px 0;
    text-align: center;
    color: #504543;
}
.footer-inner{
    width: 1000px;
    background: #fff;
    margin: 0 auto;          ← ボックスを中央寄せ
    padding: 60px;
}

/* ロゴと連絡先 */
img{margin-bottom: 20px;}

address{
    margin-bottom: 20px;
```

```
    font-style: normal;      ← 斜体を戻す
    font-size: 14px;
}

/* ナビゲーション */
.footer-inner nav{
    padding-bottom: 20px;
    border-bottom: 1px solid #ccc;
    margin-bottom: 20px;

}
.footer-inner nav ul{
    list-style: none;        ← リストマーカーを削除
}
.footer-inner nav ul li{
    display: inline-block;   ← 横並びにする
}

a{
    display: inline-block;
    padding: 0.5em;
    text-decoration: none;
    color: #b48456;
}
```

```
@media screen and (min-width: 960px) {
    a:hover{text-decoration: underline;}
}
```

PC用にだけホバー時の設定

ブラウザ表示

.footer-inner

Natural Coffee

〒101-0051 東京都千代田区神田神保町1丁目105
00-0000-0000

20px

トップ　お知らせ　当店について　採用情報　プライバシーポリシー　バイヤーの方へ

20px
20px

© MdN Corporation.

要素を水平方向（横方向）の中央に寄せる

Lesson4 07

THEME テーマ

簡単なようで陥りやすい「水平方向中央寄せ」の方法について、しっかり覚えましょう。中央寄せの方法は、ブロック性質かインライン性質（インラインブロックも含む）かによって、方法が異なります。

ブロック性質の要素を中央寄せにする

　水平方向中央寄せの方法は、性質ごとに大きく分けて、左右のmarginをautoにする方法◯と、「text-align:center」を使う方法◯があります。ただし、それぞれ正しく使わないと効きません。

　セクショニング・コンテンツや、ヘッディング・コンテンツなどのブロック性質のタグ及び「display:block」などでブロック性質にされている要素を中央寄せにするには、左右のmarginをautoにします。図1にある<p>タグを中央寄せにしたものが図2です。

> **memo**
> ブロック性質の要素を中央寄せにする場合、中央寄せにしたい要素のwidthを親より小さく指定しておきましょう。幅を指定しないと自動的に幅は親要素と同じ幅（100%）になるため、中央寄せの指定をしても効果はありません。

図1 中央寄せにする前の共通コード

HTML
```
<div>
    <p>
        <span> 中央寄せ </span>
    </p>
</div>
```

CSS
```
/* 全体の設定 */
*{
    box-sizing:border-box;
    margin: 0;
    padding: 0;
}
```

```
/* 共通設定 */
div{
    width: 100%;
    padding: 1em;
    background: #eee;
}
p{
    width: 200px;
    height: 200px;
    background: #00c;
    color: #fff;
}
```

ブラウザ表示

```
水平方向（左右）中央寄せ        ×    +
←  →  C                    Q   ゲスト  :

中央寄せ

span

                ←― p

              ↑
             div
```

図2 ブロック性質の要素を中央寄せにする

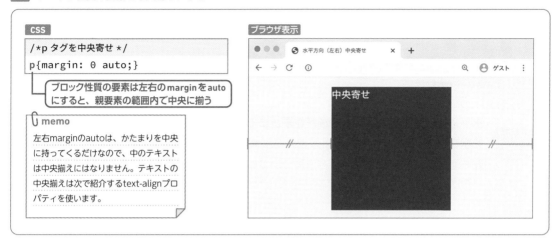

CSS
```
/*p タグを中央寄せ */
p{margin: 0 auto;}
```
ブロック性質の要素は左右の**margin**を**auto**にすると、親要素の範囲内で中央に揃う

📝 **memo**
左右marginのautoは、かたまりを中央に持ってくるだけなので、中のテキストは中央揃えにはなりません。テキストの中央揃えは次で紹介するtext-alignプロパティを使います。

ブラウザ表示

インライン性質の要素を中央揃えにする

　要素がインライン性質◯の場合は「text-align:center」を使います。ただし指定は、中央揃えにしたいテキストやフレージング・コンテンツを囲んでいるブロック性質の親要素に対して行います。段落テキストを中央揃えにしたければ <p> タグに指定し、「display:inline」を指定した <li> タグを中央揃えにしたければ <ul> タグに指定します。図3のように <span> タグの中身を中央揃えにしたい場合は、インライン性質の <span> タグに指定しても効かないため、それを囲む <p> タグへ指定する必要があります。

➡ 72ページ、**Lesson3-04**参照。

⚠ **POINT**

間違いやすいところですが、<p>タグはブロック性質のタグです。また、text-alignの初期値はleft（左揃え）ですが、この他right（右揃え）やjustify（均等割り付け）などがあります。

図3 インライン性質の要素やテキストを中央寄せにする

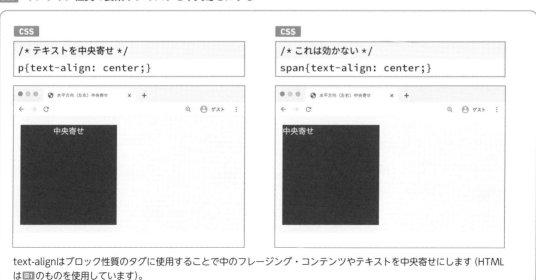

CSS
```
/* テキストを中央寄せ */
p{text-align: center;}
```

CSS
```
/* これは効かない */
span{text-align: center;}
```

text-alignはブロック性質のタグに使用することで中のフレージング・コンテンツやテキストを中央寄せにします（HTMLは図1のものを使用しています）。

要素を垂直方向（縦方向）の中央に寄せる

THEME
テーマ
水平方向中央寄せに比べて方法がさまざまで少し難しい「垂直方向」の中央寄せの方法を学びます。「vertical:align」が使える要素、使えない要素を知り、その他にも上下左右を一度に中央寄せできる方法についても身に付けましょう。

状況によって方法が異なる

インライン性質もしくはインラインブロック性質⊙の兄弟要素（入れ子関係にない、並列関係にある要素）同士では、どちらか高さの大きいほうを基準に中央揃えにできます。たとえば、ボタンを作るときにテキストと矢印アイコンの位置を揃える、といった具合です。

一方、親要素に対して垂直方向に中央寄せにする場合は、親要素が子要素より高さを持っている必要があります。height プロパティは、指定されていなければ初期値の auto（子要素がぴったり収まるサイズ）になるため、auto の状態では使えません。

72ページ、**Lesson3-04**参照。

> memo
> ただし、親要素が「height:auto」の場合でも、中央寄せしたい要素の他に高さ指定のある大きな兄弟要素があれば、その要素がつっかえ棒のような役割となるため、親要素に対して中央寄せに見せることはできます。

インライン性質を垂直方向の中央に揃える

たとえば画像とテキストを横並びにする際、どちらもインライン性質（もしくはインラインブロック性質）であれば vertical-align:middle を使います。vertical は垂直という意味で、text-align と似ていますが、こちらはインライン性質のタグに直接使います。気をつけたいのは、親要素に対して中央寄せではないというところです。また、テーブルのセル <th> タグや <td> タグ⊙に使うこともできます。ただこの場合はセルの中で中央揃えになります。

図1 にある <img> タグと <span> タグを中央揃えにしたものが図2 です。

97ページ、**Lesson3-11**参照。

> memo
> displayプロパティにはtable-cellというプロパティ値があり、名前の通りテーブルセル（<th>タグ、<td>タグ）のように見せることができるのですが、「display:table-cell」を適用したタグにも「vertical-align:middle」が使えます。なお、「display:table-cell」を使う場合は通常、親要素に「display:table」を指定します。

図1　中央寄せにする前の共通コード

HTML
```
<div>
    <p>
        <img src="img/icon.png" alt="">
        <span> 中央寄せ </span>
    </p>
</div>
```

CSS
```
/* 全体の設定 */
*{
    box-sizing:border-box;
    margin: 0;
    padding: 0;
}

/* 共通設定 */
div{
    width: 100%;
    padding: 1em;
    background: #eee;
}
p{
    width: 200px;
    height: 200px;
    background: #ff0;
    color: #ef476f;
}
span{font-size: 20px;}
```

ブラウザ表示

図2　インライン性質同士の中央揃え

CSS
```
/*img タグと span タグを中央揃え */
img,span{vertical-align: middle;}
```
中央揃えにしたい要素に直接指定する

ブラウザ表示

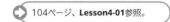

── 2つが揃う

flexboxを使った簡単な中央寄せ

　高さを指定された親要素に対して中央に配置するにはいくつか方法があります。flexbox⏩を使えば、インラインでもブロックでも関係なく簡単に中央に寄せることができます。ただし、コンテナ内のすべての要素が中央寄せになるので注意が必要です。

　ここでは、<p>タグに対して<img>タグと<span>タグの2つを中央寄せにしてみましょう図3。

104ページ、**Lesson4-01**参照。

図3 flexboxを使った中央寄せ

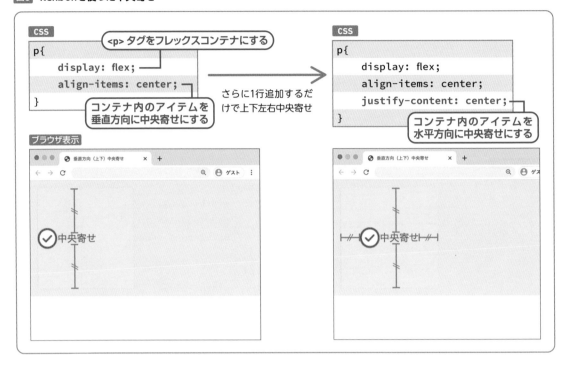

子要素を垂直／水平方向ともに中央寄せにする

　flexbox以外にもpositionとtransformプロパティを使う方法があります。この方法では特定の子要素だけを指定して中央寄せにできます。「position:absolute」を使うので、親要素には高さが指定されている必要がありますが、中央に寄せたい子要素は高さが指定されていなくてもかまいません。また、flexboxと違い数値で設定するので、数値を変えれば中央から少しずらすなどの調整も可能です図4。

> **memo**
> たとえば図3 の<p>タグに高さが指定されていない場合、<p>タグの高さは画像とテキストがぎりぎり収まるサイズに縮むので、<p>タグの中で中央に寄ったようには見えませんが、<img>タグと<span>タグは「vertical-align: middle」のときのようにお互いに対し中央揃えになります。

図4 positionとtransformを使った水平垂直方向の中央寄せ

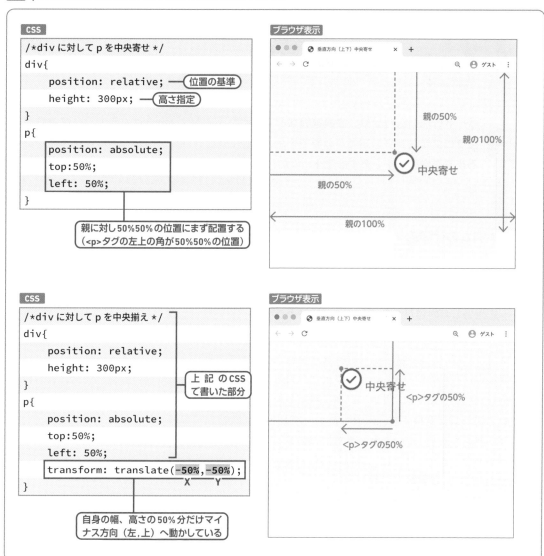

memo

transformはたくさんの種類の値を持っています。ここでのtranslate(X,Y)はXとYの部分に書いた分だけ要素を動かすものです。pxやemなども使えます。%を使った場合、親に対してではなく自身の大きさを基準にします。positionと違い、レイヤーが浮くわけではないので重なりを作ることはできません。transformは他にも要素を回転させたり、拡大させたりでき、アニメーションと相性のいいプロパティです（◎150ページ、図4 参照）。

フォームをデザインする
― 仕組み編

Lesson4
09
15min

**THEME
テーマ**

サイトの問い合わせや、会員登録などで使われる入力フォームは、入力データの処理にプログラミングの知識が必要ですが、本書では、HTMLでフォームの形を作るところまでを学びます。まずはフォームの仕組みについて知っておきましょう。

フォームの仕組み

Webページ上のお問い合わせフォームに入力して送信すると、直後に「お問い合わせを受け付けました」といったメールが届き、フォームに入力した内容がそのメールに反映されている、というようなWebサイトが多くあります。

このようなWebサイトは通常、送信ボタンを押してからメールが届くまでのほんの数秒の間に、ユーザーが入力した内容がWebサイトのサーバーへ送られ、サーバー側で設定したプログラムによりメールの形式に変換され、入力したメールアドレスに届く、というプロセスをたどっています。さらにWebサイトの担当者へも入力内容が届くため、後日担当者から連絡が来る、というサービスも可能になります 図1 。

こういったお問い合わせフォームや会員登録フォームなどはHTMLのタグで構成されていますが、入力内容を送信したりメールに変換するにはPHPやCGIといったプログラミング言語が必要

図1 フォームの仕組み

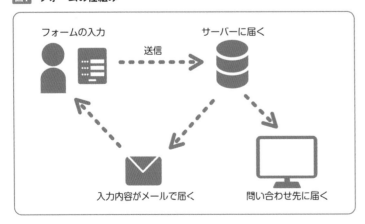

です。プログラミング言語については本書の学習範囲を超えるので扱いません。本書では、HTMLでフォームの形を作るところまでを学びます。

フォームの土台となる<form>タグ

フォームは<form>タグで作ります。<form> ～ </form>の中に、入力欄やチェックボックスなどの項目から送信ボタンまでを配置していきます。また、<form>タグの属性を使って、入力内容を「どこに送るのか」「どうやって送るのか」を指定します。

「どこに送るのか」はaction属性で指定します。属性値に送り先のパスとファイル名を記述するのですが、これがPHPやCGIなどのプログラミング言語を使ったファイルになります。ここでは仮にprogram.phpとしています。

次に「どうやって送るのか」ですが、これにはmethod属性を使います。Webサイトに設置するフォームにはpostという属性値を記述します 図2 。

> **memo**
> postの他にgetという送信方法があります。getで送信するとブラウザのURL部分に続けて表示されるため、入力内容が目に見えてしまいます。googleの検索が主な例で、検索フォームに入力した内容がURLのところに表示されています。

図2 フォームの土台となる<form>タグ

```
<form action="program.php" method="post">
            送信先のプログラムファイル    送信方法
 ～ ここにフォームの部品を配置する ～

</form>
```

フォームを作る際の配慮

最近ではサイトのURLが「https」で始まるものが多くなってきました。「http」の後の「s」は、httpと違って通信が暗号化されていることを表す「s」で、「SSL（Secure Socket Layer）対応サイト」などと呼ばれています。フォームの送信方法をpostにしていても、SSL化されていなければ内容を盗み見られる危険性があります。フォームで送る情報のほとんどは個人情報ですので、フォームを設置する場合、サイトはSSL化するようにしましょう。

また、個人情報の取り扱いについても明記しておきましょう。フォームを設置しているページ内や、プライバシー・ポリシーのページを準備しておくとよいでしょう

> **memo**
> SSL化の設定はサーバー側で行います。近年では、無料でSSL化できるレンタルサーバーが増えてきました。各レンタルサーバーのガイドに従って設定しましょう。

フォームをデザインする — HTML編

Lesson4
10
45 min

THEME
テーマ

前節ではフォームの仕組みを学びました。本節では、お問い合わせフォームを構成する入力フィールドや各種ボタンなどの使い方について学び、実際にHTMLで書いて配置してみます。

フォームパーツの基本は<input>タグ

フォームを構成するパーツには、文字入力フィールド、チェックボックス、ラジオボタンなどがありますが、これらは <input> タグに type 属性を記述し、その属性値によってさまざまな種類のパーツを作ることができます図1。さらに <input> タグ以外のパーツもありますので、必要に応じて覚えていきましょう。

図1 フォームパーツの基本

```
<input type=" フォーム部品の種類 "  name=" 任意の部品名 ">
                          部品名は設問ごとに決める
```

type 属性値	フォーム部品の種類	表示※	特徴
text	文字入力フィールド		汎用的な入力欄
email	メールアドレスの入力フィールド		@ が抜けていると送信時にアラートが出る
tel	電話番号の入力フィールド		スマートフォンでは数字の入力モードになる
password	パスワードの入力フィールド		入力した文字が見えないよう記号に変換される
checkbox	チェックボックス	☐ ☑	
radio	ラジオボタン	○ ◉	
date	日付の入力フィールド	年 /月 /日 ▼	カレンダーから日付を選べる。ただしブラウザによって見た目が大きく異なり操作性が分かりづらいこともある
button	汎用ボタン		
submit	送信ボタン	送信する	

※表示の形はデバイスやブラウザによって異なります。ここではGoogle Chromeのデフォルト表示を示しています。

text、email、tel、password は見た目はまったく同じですが、それぞれに役割があるので、 ✐ ユーザーが入力しやすいように使い分けましょう。

date は▼部分をクリックするとカレンダーが表示される仕様ですが、ブラウザによっては入力欄部分をクリックすると日本語入力もできてしまうなど、不慣れなユーザーにとっては少し使いづらい仕様です。そのようなユーザー層のアクセスが予想される場合は、安易に使わず、汎用的な text を使うことも頭に入れておきましょう。

チェックボックスとラジオボタン

チェックボックスは複数選択可能な選択肢、ラジオボタンはひとつだけ選択できる選択肢に使います。

<input> タグでは選択肢に表示されるチェックボックスやラジオボタンのアイコンを生成するので、選択肢のテキストは <input> タグの隣に書きます。

また、デフォルトではチェックボックスやラジオボタンのアイコン内をクリックしないとチェックが入りませんが、テキスト部分をクリックしてもチェックが入るようにするには、選択肢全体を <label> タグで囲みます 図2 。

図2 ラジオボタンの例

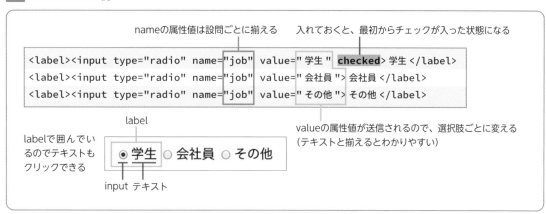

セレクトボックスは、プルダウン式の選択肢です。<input> タグではなく、<select> タグを使います。<select> タグの中に <option> タグで選択肢をリストのように並べます。都道府県や生年月日などにセレクトボックスを使っているフォームをよく見かけますが、選択肢が多すぎるとユーザーにストレスがかかります。

セレクトボックス

そのような場合は汎用的な文字入力フィールドに置き換えることも検討しましょう 図3。

図3 セレクトボックスの例

<select>タグにnameを記述　<option>タグにvalueを記述

```
<select name="age">
    <option value="10～19歳">10～19歳</option>
    <option value="20～24歳">20～24歳</option>
    <option value="25～29歳">25～29歳</option>
    <option value="30～34歳" selected>30～34歳
</option>
    <option value="35～40歳">35～40歳</option>
</select>
```

クリックして開く

selectedを記述した選択肢が最初から選択された状態になる

> **memo**
> セレクトボックスは、ひとつしか選択できないという点ではラジオボタンと同じです。ラジオボタンの利点は選択肢が最初からすべて見えていること、セレクトボックスの利点はスペースを省略できることです。設問の内容や、選択肢の数、選択肢の文字数、ページのレイアウトなどを考えて、ユーザーにとってどちらが最適か考え、使い分けましょう。

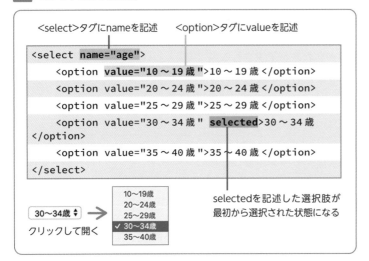

送信ボタン

<input>タグのvalue属性に書いた内容がボタン上に表示されます 図4。

図4 送信ボタンの記述例

```
<input type="button" value="送信する">
```

複数行のテキスト入力フィールド

複数行入力できるフィールドは<input>タグではなく、<textarea>タグを使います。<input>タグと異なり、終了タグが必要ですが、「<textarea>～</textarea>」の中には何も書きません 図5。

図5 複数行のテキスト入力フィールド記述例

```
<p>お問い合わせ内容</p>
<textarea name="message"></textarea>
```

フォームをデザインする — CSS編

THEME テーマ

Lesson4-10で学んだパーツを実際に組み立てて、フォームを形成します。そして CSSを使ってデザインしていきましょう。

お問い合わせフォームを作る

Lesson4-10で紹介した各パーツを利用してフォームを組み立てていきます。フォームの各設問は設問名（「お名前」「メールアドレス」など）と回答欄で構成されます。図1 ではフォームを `<dl>` タグに当てはめて、設問名を `<dt>` タグ、解答欄を `<dd>` タグでマークアップしています。コードが長いので難しそうに見えますが、分解してひとつひとつ見ていきましょう。

図1 土台となるコード

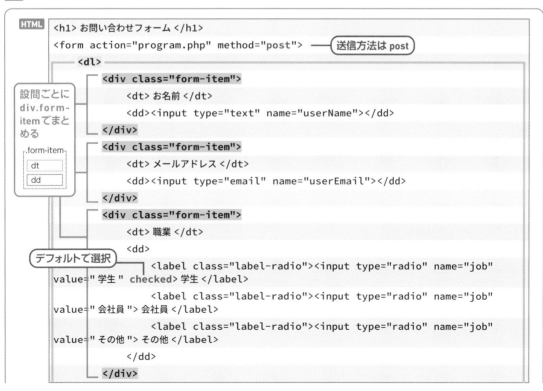

```html
<h1> お問い合わせフォーム </h1>
<form action="program.php" method="post">      送信方法は post
    <dl>
        <div class="form-item">
            <dt> お名前 </dt>
            <dd><input type="text" name="userName"></dd>
        </div>
        <div class="form-item">
            <dt> メールアドレス </dt>
            <dd><input type="email" name="userEmail"></dd>
        </div>
        <div class="form-item">
            <dt> 職業 </dt>
            <dd>
                <label class="label-radio"><input type="radio" name="job"
value=" 学生 " checked> 学生 </label>
                <label class="label-radio"><input type="radio" name="job"
value=" 会社員 "> 会社員 </label>
                <label class="label-radio"><input type="radio" name="job"
value=" その他 "> その他 </label>
            </dd>
        </div>
```

設問ごとに div.form-item でまとめる

.form-item
dt
dd

デフォルトで選択

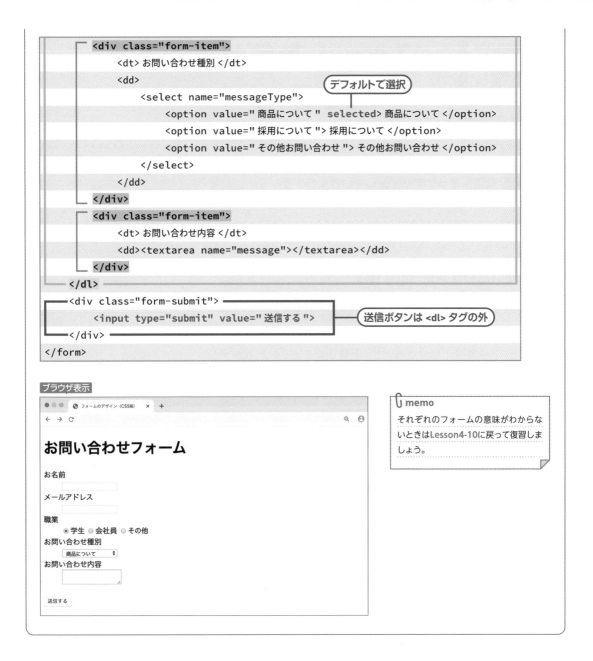

```
        <div class="form-item">
            <dt> お問い合わせ種別 </dt>
            <dd>                              デフォルトで選択
                <select name="messageType">
                    <option value=" 商品について " selected> 商品について </option>
                    <option value=" 採用について "> 採用について </option>
                    <option value=" その他お問い合わせ "> その他お問い合わせ </option>
                </select>
            </dd>
        </div>
        <div class="form-item">
            <dt> お問い合わせ内容 </dt>
            <dd><textarea name="message"></textarea></dd>
        </div>
    </dl>
    <div class="form-submit">
        <input type="submit" value=" 送信する ">     送信ボタンは <dl> タグの外
    </div>
</form>
```

ブラウザ表示

お問い合わせフォーム

お名前

メールアドレス

職業
◉ 学生 ◯ 会社員 ◯ その他
お問い合わせ種別
商品について ▼
お問い合わせ内容

送信する

memo
それぞれのフォームの意味がわからないときはLesson4-10に戻って復習しましょう。

レイアウトに関するCSS

　フォームの各パーツの細かい装飾をしていく前に、大きな箇所からCSSで整えていきます。今回はPC用の表示では2カラム、画面が狭くなると1カラムになる、というレスポンシブなレイアウトにしていきます 図2 。

図2 レイアウトに関するCSS

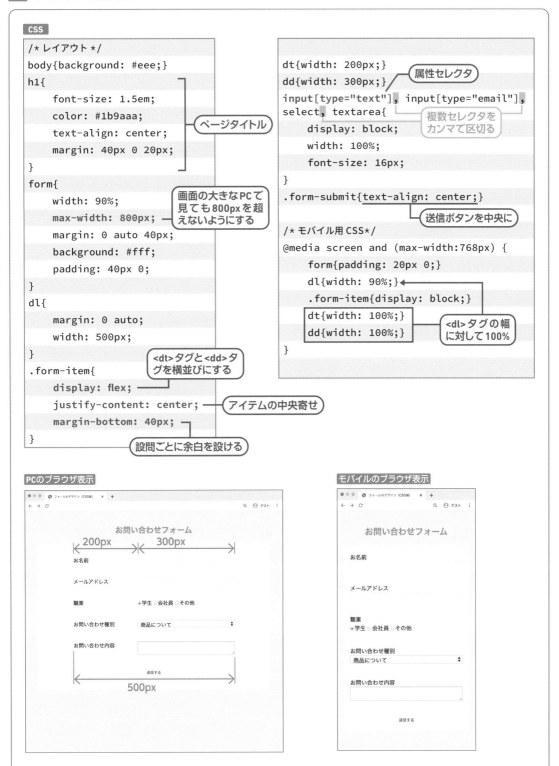

CSS

```
/* レイアウト */
body{background: #eee;}
h1{
    font-size: 1.5em;
    color: #1b9aaa;
    text-align: center;
    margin: 40px 0 20px;
}
form{
    width: 90%;
    max-width: 800px;
    margin: 0 auto 40px;
    background: #fff;
    padding: 40px 0;
}
dl{
    margin: 0 auto;
    width: 500px;
}
.form-item{
    display: flex;
    justify-content: center;
    margin-bottom: 40px;
}
```

ページタイトル

画面の大きなPCで見ても800pxを超えないようにする

<dt>タグと<dd>タグを横並びにする

アイテムの中央寄せ

設問ごとに余白を設ける

```
dt{width: 200px;}
dd{width: 300px;}
input[type="text"], input[type="email"],
select, textarea{
    display: block;
    width: 100%;
    font-size: 16px;
}
.form-submit{text-align: center;}
/* モバイル用 CSS*/
@media screen and (max-width:768px) {
    form{padding: 20px 0;}
    dl{width: 90%;}
    .form-item{display: block;}
    dt{width: 100%;}
    dd{width: 100%;}
}
```

属性セレクタ

複数セレクタをカンマで区切る

送信ボタンを中央に

<dl>タグの幅に対して100%

PCのブラウザ表示

お問い合わせフォーム
200px　300px
お名前
メールアドレス
職業　◦学生 ◦会社員 ◦その他
お問い合わせ種別　商品について
お問い合わせ内容
送信する
500px

モバイルのブラウザ表示

お問い合わせフォーム
お名前
メールアドレス
職業
◦学生 ◦会社員 ◦その他
お問い合わせ種別
商品について
お問い合わせ内容
送信する

フォームパーツに関するCSS表示

フォームのデフォルトのスタイルは、OSの設定やブラウザごとに大きく異なります。ラジオボタンやチェックボックスなどをおしゃれに装飾しているサイトも多くありますが、その多くは<input>タグを一度「display:none」で消してから上書きしています。

ただし「display:none」を指定すると、キーボードによるフォーカスができなくなるため、キーボード操作でサイトを閲覧しているユーザーは回答できません。そういったアクセシビリティを考慮し、また各ブラウザを使い慣れているユーザーのことを考えると、おしゃれな装飾をするより、元のスタイルを活かしつつ装飾を追加していくほうがよいでしょう 図3。

図3 設問名とフォームパーツの装飾

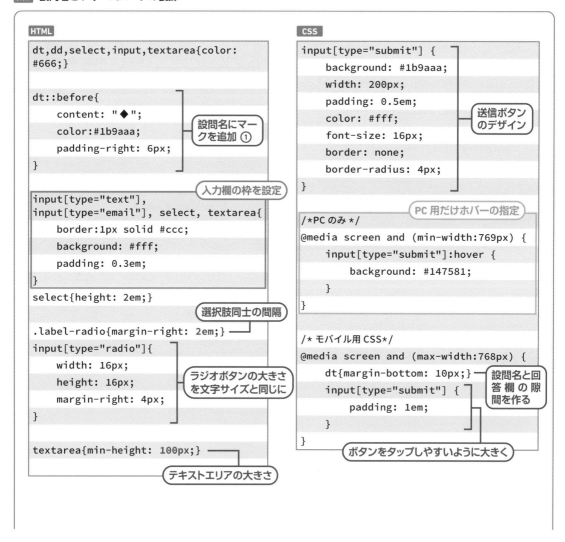

HTML

```
dt,dd,select,input,textarea{color:
#666;}

dt::before{
    content: "◆";
    color:#1b9aaa;
    padding-right: 6px;
}
```
設問名にマークを追加 ①

```
input[type="text"],
input[type="email"], select, textarea{
    border:1px solid #ccc;
    background: #fff;
    padding: 0.3em;
}
```
入力欄の枠を設定

```
select{height: 2em;}
```

```
.label-radio{margin-right: 2em;}
```
選択肢同士の間隔

```
input[type="radio"]{
    width: 16px;
    height: 16px;
    margin-right: 4px;
}
```
ラジオボタンの大きさを文字サイズと同じに

```
textarea{min-height: 100px;}
```
テキストエリアの大きさ

CSS

```
input[type="submit"] {
    background: #1b9aaa;
    width: 200px;
    padding: 0.5em;
    color: #fff;
    font-size: 16px;
    border: none;
    border-radius: 4px;
}
```
送信ボタンのデザイン

PC用だけホバーの指定
```
/*PC のみ */
@media screen and (min-width:769px) {
    input[type="submit"]:hover {
        background: #147581;
    }
}
```

```
/* モバイル用 CSS*/
@media screen and (max-width:768px) {
    dt{margin-bottom: 10px;}
    input[type="submit"] {
        padding: 1em;
    }
}
```
設問名と回答欄の隙間を作る

ボタンをタップしやすいように大きく

PCのブラウザ表示

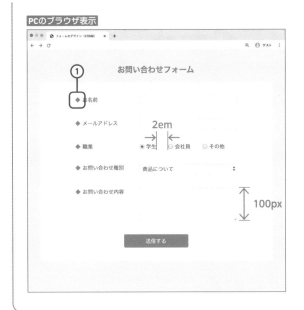

モバイルのブラウザ表示

テキストエリアはユーザーが大きさを変更できるようになっていることが多いので、最初に表示させておきたいサイズ（高さ）をmin-heightで指定しておきましょう。また、ここでは説明のためCSSを **図2** と **図3** に分けていますが、同じセレクタへの指定はひとつにまとめて書きましょう。

ハンバーガーメニューを作ろう

THEME テーマ モバイルサイトでよく見るハンバーガーメニューは通常HTMLとCSSでデザインし、JavaScriptによってメニュー開閉のアニメーションを作りますが、ここではHTMLとCSSのみで作る方法を紹介します。

ハンバーガーメニューとは

　ハンバーガーメニューとは、モバイル用サイトなどの上部に置かれている3本の線が入ったメニューボタンのことで、その見た目からそう呼ばれています。スマートフォンの普及とともに画面の狭いモバイル上でグローバルナビゲーションを格納するために作られました。PCサイトでも見かけますが、大きな画面上で小さなメニューボタンをクリックするのはユーザーに負担がかかることもあるため、PCでは展開された状態で表示、モバイルではハンバーガーメニューに格納、という切り替えをしているサイトが多いようです。ここでは画面右上のボタンをタップすると左側からメニューリストがスライドしてくるようなメニューを作ってみます。

ハンバーガーメニューのHTML

　展開されたリスト部分の構造はLesson3-10（92ページ）で作ったものと同じで、そこにボタンが追加されます。ボタン用のコードは<input>タグのcheckboxを使って作ります。チェックボックスにチェックが入るとメニューが開き、チェックを外すとメニューが閉じる、という動きです。

　Lesson4-10のラジオボタンの例（135ページ）で、テキスト部分をクリックしてもチェックが入るように<label>タグでinputを囲むという方法を使いました。ここではそれを応用してチェックのオン・オフの仕組みを作っていきます。

　<label>タグは、inputを囲む以外の方法で<input>タグと紐付けることができます。図1のように、<label>タグのfor属性の値を、

<input> タグの id 名と同じにします。図1 では <input> タグの後に 2 つの <label> タグを記述していますが、どちらも「for="gnav-input"」と記述されているため、どちらをクリックしてもチェックが入るようになります。

　ただし <label> タグにはテキストなど何も入っておらず、物理的にクリックできません。そこで CSS で大きさなどを指定し、クリックできる仕組みにします。

図1　HTMLと表示結果

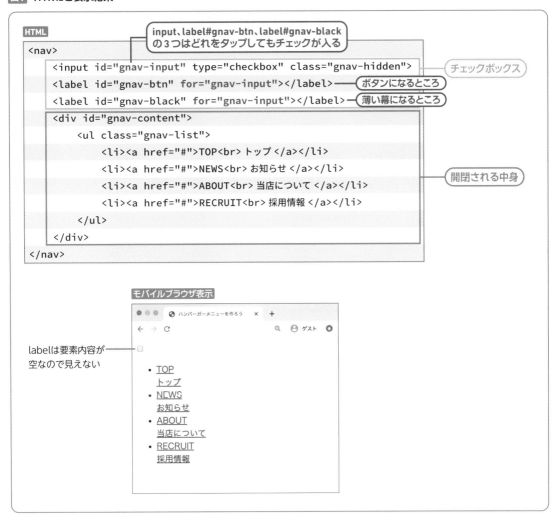

ハンバーガーメニューのCSS

開いた状態のスタイルを作る

　まず格納する前の状態を作ります。今回はモバイル版のメニューを想定し、縦に並ぶようにします。各リンクは、`<li>`タグでなく`<a>`タグにpaddingとして指定することで、余白部分もタップできるようにします図2。

図2　メニューのCSSと表示結果

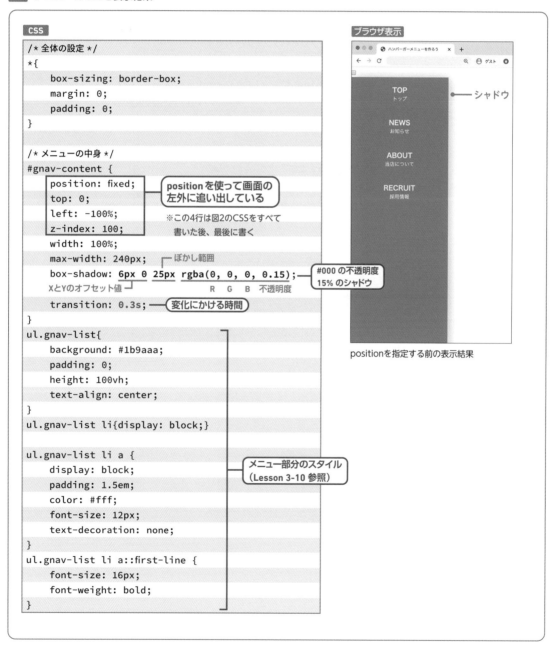

```
/* 全体の設定 */
*{
    box-sizing: border-box;
    margin: 0;
    padding: 0;
}

/* メニューの中身 */
#gnav-content {
    position: fixed;        ← positionを使って画面の左外に追い出している
    top: 0;
    left: -100%;            ※この4行は図2のCSSをすべて書いた後、最後に書く
    z-index: 100;
    width: 100%;
    max-width: 240px;       ┌ ぼかし範囲
    box-shadow: 6px 0 25px rgba(0, 0, 0, 0.15);   ← #000の不透明度15%のシャドウ
    XとYのオフセット値          R   G   B   不透明度
    transition: 0.3s;   ← 変化にかける時間
}
ul.gnav-list{
    background: #1b9aaa;
    padding: 0;
    height: 100vh;
    text-align: center;
}
ul.gnav-list li{display: block;}

ul.gnav-list li a {
    display: block;
    padding: 1.5em;        ← メニュー部分のスタイル
    color: #fff;              (Lesson 3-10 参照)
    font-size: 12px;
    text-decoration: none;
}
ul.gnav-list li a::first-line {
    font-size: 16px;
    font-weight: bold;
}
```

positionを指定する前の表示結果

transitionの「変化にかける時間」は、開閉時のアニメーションにかける時間のことです。ここではアニメーションの指定はありませんが、0.3秒で開閉させるという時間の指定だけ先にしておきます。

memo

92ページのLesson3-10で作ったグローバルナビゲーション1のスタイルをもとにデザインしています。また、これはモバイル版の想定ですので、ホバーのスタイルについては記述していません。

ボタンのスタイルを作る

次に、ボタン部分を作っていきます。図1では、input、label#gnav-btn、label#gnav-blackのどれをタップしてもチェックが入るようにしました。input自体は「display:none」で非表示にし、label#gnav-btnを開閉の操作ボタン、label#gnav-blackを薄い幕（タップして閉じることも可能）としてスタイリングしていきます図3。

図3　inputとlabelのCSS

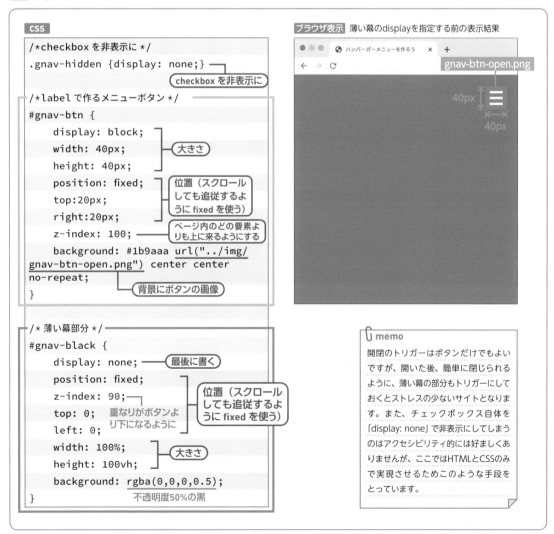

```
CSS

/*checkbox を非表示に */
.gnav-hidden {display: none;}
        ┗ checkbox を非表示に

/*label で作るメニューボタン */
#gnav-btn {
    display: block;
    width: 40px;        ┐ 大きさ
    height: 40px;       ┘
    position: fixed;    ┐ 位置（スクロール
    top:20px;           │ しても追従するよ
    right:20px;         ┘ うに fixed を使う）
    z-index: 100;       ┐ ページ内のどの要素より
                        ┘ も上に来るようにする
    background: #1b9aaa url("../img/
gnav-btn-open.png") center center
no-repeat;
        ┗ 背景にボタンの画像
}

/* 薄い幕部分 */
#gnav-black {
    display: none;      ┐ 最後に書く
    position: fixed;    ┐
    z-index: 90;        │ 位置（スクロール
    top: 0;  重なりがボタンよ │ しても追従するよ
    left: 0; り下になるように  ┘ うに fixed を使う）
    width: 100%;        ┐ 大きさ
    height: 100vh;      ┘
    background: rgba(0,0,0,0.5);
            不透明度50%の黒
}
```

ブラウザ表示 薄い幕のdisplayを指定する前の表示結果

ハンバーガーメニューを作ろう

gnav-btn-open.png

40px ／ 40px

memo

開閉のトリガーはボタンだけでもよいですが、開いた後、簡単に閉じられるように、薄い幕の部分もトリガーにしておくとストレスの少ないサイトとなります。また、チェックボックス自体を「display: none」で非表示にしてしまうのはアクセシビリティ的には好ましくありませんが、ここではHTMLとCSSのみで実現させるためこのような手段をとっています。

チェックが入ったときのスタイルを設定

開閉のアニメーションを表現するには、チェックがオフのときのスタイルと、オンのときのスタイルを設定し、変化にかける時間を決めることで、アニメーションしているように見せます。図3までで、ひととおりのスタイルを設定し、オフの状態にしました。また、図2で変化にかける時間を0.3秒と指定しているので、後はオンになったときの表示を記述すれば完成です。

図4の「E～F」のようなセレクタは、「Eという要素の同じ階層で後ろに続くFという要素すべて」を表します。つまり、ここではチェックボックス（#gnav-input）がオンになっているとき（:checked）の、同じ階層にある各要素のスタイルを指定しています。実際にブラウザで開き、タップ（クリック）して動きが確認できれば完成です。

! POINT

「E～F」はE要素と同じ階層かつE要素より後ろにあるF要素すべてに対しての指定ですが、「E要素と同じ階層で直後に並ぶF要素」だけを指定したいときは「E + F」という形のセレクタを使います。
セレクタは、本書で紹介している以外にもさまざまな書き方があります。「CSS セレクタ 一覧」などで検索してみるとよいでしょう。

! POINT

「#gnav-input:checked」は#gnav-inputにチェックが入っているときのスタイルを指定するセレクタです。:hoverと同じ疑似クラスです。

図4 チェックが入ったときのスタイル

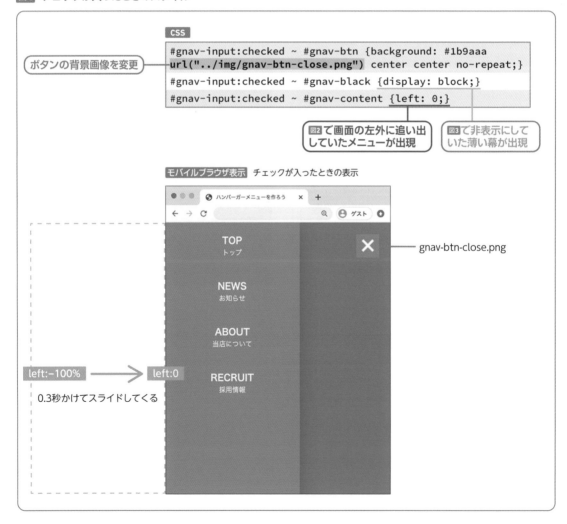

ボタンの背景画像を変更

```css
#gnav-input:checked ~ #gnav-btn {background: #1b9aaa
url("../img/gnav-btn-close.png") center center no-repeat;}
#gnav-input:checked ~ #gnav-black {display: block;}
#gnav-input:checked ~ #gnav-content {left: 0;}
```

図2で画面の左外に追い出していたメニューが出現

図3で非表示にしていた薄い幕が出現

モバイルブラウザ表示 チェックが入ったときの表示

TOP
トップ

NEWS
お知らせ

ABOUT
当店について

RECRUIT
採用情報

gnav-btn-close.png

left:-100% → left:0

0.3秒かけてスライドしてくる

Lesson4 13 60min

簡単なアニメーションを取り入れる

THEME テーマ　CSSだけで実装できる簡単なアニメーションを使って、デザインをリッチにしてみましょう。状況に適したアニメーションを使うことで、UX（ユーザー体験）の向上も図れます。

CSSだけで実装できるアニメーション

　要素をふわふわと動かしたり、くるっと回転させたり、ホバーするとズームアップしたりするアニメーションは **!** CSSだけで実装できます。Lesson4-05（120ページ）で作った「ホバーすると開くメニュー」もアニメーションの一種です。ここではCSSで実装できる簡単なアニメーションについて学びます。

CSS Transition を使ったアニメーション
　「:hover」（要素の上にカーソルが乗ったとき）や「:checked」（ラジオボタンやチェックボックスが選択されたとき）のようなきっかけをトリガーとして、状態を変化させる単純なアニメーションにはtransition プロパティを使います。

　transition プロパティは、これまで変化にかける時間を指定するのに使っていましたが **◯**、 **!**「変化させるスタイル」I（transition-property）、「変化にかける時間」（transition-duration）、「イージング」（transition-timing-function）、「遅延時間」（transition-delay）をまとめて指定できるプロパティです。省略した値には初期値が適用されます。時間だけを書くと、transition-durationとして適用されます**図1**。

! POINT

本書の範囲を超えるので扱いませんがJavaScriptを使えば表現の幅が広がり、スクロールにあわせて奥行きを表現するようなパララックス（視差効果）とよばれる表現や、スクロールすると要素が出現するというような高度なアニメーションも実装できます。

➡ 「変化にかける時間」については144ページの**図2** CSSも参照。

! POINT

「変化させるスタイル（transition-property）」の初期値はallです。省略すると初期値allが設定されますが、その場合、ページを読み込んだ場合にもアニメーションが発生してしまうため注意しましょう。

WORD　イージング

イージングとは、アニメーションの速度に変化をつけることです。初期値はease（開始と終了をなめらかに）で、linear（等速）、ease-in（ゆっくり開始）、ease-out（ゆっくり終了）、ease-in-out（開始と終了をゆっくり）があります。

図1　いろいろなホバーアニメーション

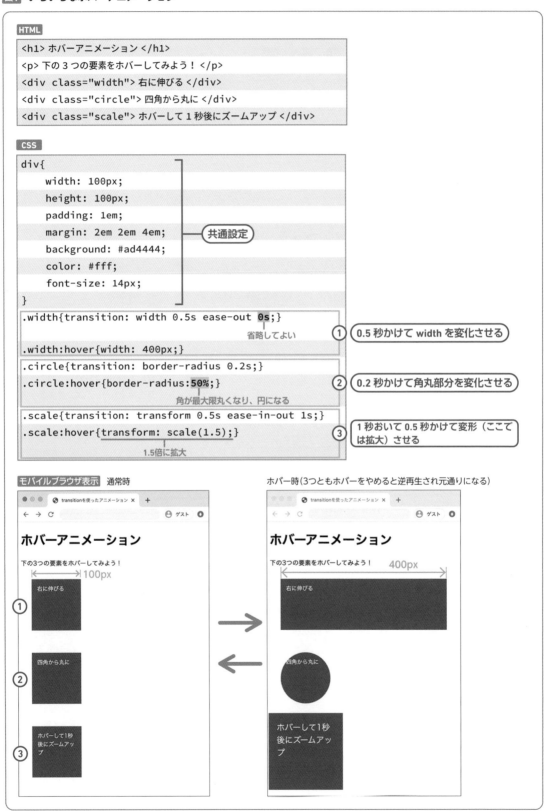

HTML

```
<h1> ホバーアニメーション </h1>
<p> 下の 3 つの要素をホバーしてみよう！ </p>
<div class="width"> 右に伸びる </div>
<div class="circle"> 四角から丸に </div>
<div class="scale"> ホバーして 1 秒後にズームアップ </div>
```

CSS

```
div{
    width: 100px;
    height: 100px;
    padding: 1em;
    margin: 2em 2em 4em;          共通設定
    background: #ad4444;
    color: #fff;
    font-size: 14px;
}
```

```
.width{transition: width 0.5s ease-out 0s;}
                              省略してよい
.width:hover{width: 400px;}
```
① 0.5 秒かけて width を変化させる

```
.circle{transition: border-radius 0.2s;}
.circle:hover{border-radius:50%;}
            角が最大限丸くなり、円になる
```
② 0.2 秒かけて角丸部分を変化させる

```
.scale{transition: transform 0.5s ease-in-out 1s;}
.scale:hover{transform: scale(1.5);}
            1.5倍に拡大
```
③ 1 秒おいて 0.5 秒かけて変形（ここでは拡大）させる

モバイルブラウザ表示　通常時

ホバー時（3つともホバーをやめると逆再生され元通りになる）

CSS Animationを使ったアニメーション

　CSS Animationでは、キーフレームを使った細かい動きができます。アニメーションの開始を0%、終了を100%として、任意のポイントに細かく変化の過程（キーフレーム）を追加できるので、transitionより複雑なアニメーションを作ることができます。animationプロパティでアニメーションの時間やタイミング、繰り返しなどを設定し、実際にどんな動きをさせるかは@keyframes{ }の中で定義します。animationプロパティと@keyframesを、任意のアニメーション名で紐付けることで初めてアニメーションが発動します。

　animationプロパティには次の6つの値をまとめて記述します。省略すると初期値が適用されます 図2 。

図2　animationプロパティの値

値	機能
animation-name	任意のアニメーション名
animation-duration	アニメーション1回分の時間
animation-timing-function	イージング
animation-delay	遅延時間
animation-iteration-count	繰り返しの回数
animation-direction	繰り返しの際の再生方法

> **memo**
> animation-iteration-countは、infiniteと記述するとアニメーションを無限に繰り返します。
> animation-directionは、初期値のnormalでは「0%→100%」のアニメーションを繰り返します。alternateは偶数回目の再生だけ「100%→0%」と逆再生になり、複数回繰り返しを設定すると「0%→100%→0%→100%→0%……」という繰り返しになります。

　以下にアニメーションのサンプルコードを示します 図3 ～ 図6 。

図3　CSS Animationでキーフレームアニメーション（HTML）

```
<h1> キーフレームアニメーション </h1>
<p> サンプル 1：開始 1 秒で右下へ、次の 1 秒で右上へ。を 3 回繰り返す </p>
<div class="sample1"> ジグザグに動く </div>

<p> サンプル 2：開始 2 秒で拡大しながら赤→青へ、次の 2 秒で縮小しながら青→緑へ。その後は逆再生。</p>
<div class="sample2"> イージングも逆再生される </div>

<p> サンプル 3、4：ローディングアニメーション </p>
<img class="sample3" src="img/loading.png" alt="">
<img class="sample4" src="img/heart.svg" alt=" ハート ">
```

図4 CSS Animationでキーフレームアニメーション（CSS）

```
.sample1{animation: zigzag 2s ease 0s 3 normal;}
```
2秒かけて再生、3回繰り返し
キーフレーム

```
@keyframes zigzag {
    0%{transform: translate(0,0);}
    50%{transform: translate(50px,50px);}
    100%{transform: translate(100px,0px);}
}
```
座標を変えて div の位置を動かしている

ジグザグに動く
アニメーション

```
.sample2{animation: scale-and-color 4s linear 0s infinite alternate;}
```
4秒再生、4秒逆再生の繰り返し

```
@keyframes scale-and-color {
    0%{
        background: #ad4444;
        transform: scale(1);
    }
    50%{
        background: #3946ad;
        transform: scale(1.5);
    }
    100%{
        background: #4dad48;
        transform: scale(1);
    }
}
```
赤・等倍

青・1.5倍

緑・等倍

キーフレーム

大きさと色が変わる
アニメーション

```
img{
    width: 100px;
    margin-right: 2em;
}
```
キーフレーム

```
.sample3{animation: loading 1s linear 0s infinite;}
```
1秒で1回転を繰り返す

```
@keyframes loading {
    0% {transform: rotate(0deg);}
    30% {transform: rotate(180deg);}
    100% {transform: rotate(360deg);}
}
```
30%で180°回転

70%で180°回転

前半の回転が
速く、後半は
遅くなる

ローディング
アニメーション

```
.sample4{animation: heart .8s ease 0s infinite normal;}
```
キーフレーム

```
@keyframes heart {
    0% {transform: scale(1);}
    8% {transform: scale(1);}
    15% {transform: scale(1.1);}
    100% {transform: scale(1);}
}
```
変化なし

7%で拡大

85%で縮小

急に大きくな
りゆっくり小さ
くなる

鼓動しているような
アニメーション

図5 表示結果

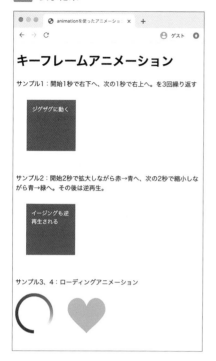

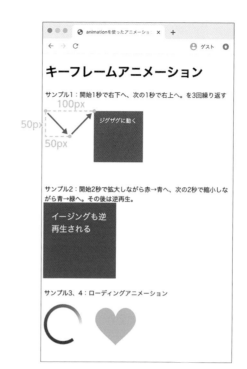

図6 サンプル2の動き

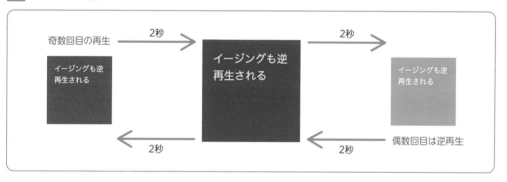

transition と animation の違いとポイント

transition と animation の違いとポイントをまとめました **図7** 。

図7 transitionプロパティとanimationプロパティ

プロパティ	ポイント
transition	・hover や checked などのトリガー（きっかけ）で発動 ・1回のトリガーでアニメーションは1回のみ（連続して繰り返されない） ・単純なアニメーションに向いている
animation	・トリガーがなくても発動 ・無限に繰り返すこともできる ・svg 画像や JavaScript と組み合わせることで多彩な表現ができる

> **memo**
> アニメーションの制作は、作り手は楽しいのですが、取り入れすぎると閲覧するユーザーにはストレスを与えることもあるので、適切／必要なアニメーションなのか冷静に考える時間を持ちましょう。またアニメーションは速度も重要で、特にホバー時のアニメーションは1秒以内に収めましょう。

疑似要素と疑似クラス

疑似要素も疑似クラスも、CSSのセレクタの一種です。「疑似」という言葉から難しい印象がありますが、噛み砕いて言えば疑似要素は「要素の前後や一部分だけにスタイルを適用させるもの」、疑似クラスは「この要素がこういう状態のときのみスタイルを適用する」という制限をかけたセレクタです。

どういうときに疑似要素を使うの？

HTML上で、見出しの文頭に「★」を入れたり、リストマーカーに使うオリジナル画像を<img>タグとして挿入するのはあまり好ましいことではありません。これらは「飾り」であって文書構造には不要なものだからです。HTML上には置きたくないが見栄えをよくするために入れたいという場合には、CSSで「::before」や「::after」などの疑似要素を使います。「::before」や「::after」にはcontentプロパティが必須で、このcontentを使って「★」や画像を挿入します。その他、「::first-letter」(要素内の最初の1文字だけにスタイルを適用)、「::first-line」(要素内の最初の1行だけにスタイルを適用)などがあります(例：89ページの図4、93・94ページの図3)。

どういうときに疑似クラスを使うの？

疑似クラスでよく使われるのは「:hover」です。「a:hover{}」と書くと「<a>タグがホバーされたときのみ適用」という制限がかかります。

また、「n番目の要素」を表す「:nth-of-type(n)」もよく使われます。「li:nth-of-type(2){}」と書くと「兄弟要素の中で2番目のli要素に適用」という意味になります。

「( )」の中に入るのは数字だけでなく、「even」(偶数)、「odd」(奇数)などもあります。「3n」と書けば3の倍数、「2n+1」と書けばoddと同じ奇数になります図1。

図1 疑似要素と疑似クラスの使い方

HTML
```
<ul>
    <li> 奇数なので白 </li>
    <li> 偶数は水色 </li>
    <li> 奇数なので白 </li>
    <li> 偶数は水色 </li>
</ul>
```

CSS
```
ul{
    list-style: none;
    padding: 0;
}
/* 疑似要素 */
li::before{content:" ★ ";}

/* 疑似クラス */
li:nth-of-type(even){background:  #91d5de;}
```

ブラウザ表示

```
★奇数なので白
★偶数は水色
★奇数なので白
★偶数は水色
```

シンプルな
Webページを作る

制作現場でのWeb制作のワークフローを学びながら、シンプルなWebページを作ってみます。ここまで学んだHTMLのタグの書き方やCSSのスタイリングを思い出しながら、チャレンジしてみましょう。

読む　　　練習　　　制作

制作現場のワークフロー

Lesson5 01

THEME テーマ

実際の制作現場の進め方を学びながら、Lesson5では簡単な1ページのサイトを作ってみます。制作に入る前に、Web制作のワークフローやWebデザイナーの仕事について把握しましょう。

一般的なWeb制作の流れ

Lesson5以降の本書の実践では、完成しているデザインをもとにWebサイトのコーディングを行っていきますが、実際の制作現場ではWebサイト1つを制作するにもさまざまなフローがあります。

一般的なWeb制作の流れとしては、受注するとまずヒアリングをし、どんなサイトが必要なのか、またサイトの目的（ゴール）などをはっきりさせ、企画を決めます。その企画をもとに情報を整理し、**ワイヤーフレーム**や**プロトタイプ**と呼ばれるサイトの骨子を固めていきます。ワイヤーフレームが決まると、次はデザインツールを使ってビジュアルを作り込んで肉づけしていきます。完成したデザインカンプをもとにHTMLやCSSでコーディングをすることで、実際に機能するサイトになっていきます。

その後は必要に応じてブログシステムなどを導入するプログラミングが入り、プログラミングがあってもなくても公開前には必ず動作確認テスト（検証ともいう）を行います。さまざまなブラウザで表示に問題がないか入念に検証し、問題があれば修正し、問題がなければ公開となります 図1 。

WORD ワイヤーフレーム

WebサイトやWebページの画面設計図。ページのどこに、何を、どんな風に配置するのかといった大まかな構成を簡単な線画で表す。専用の作成ツールもあるが、手描きで作成したりもする。

WORD プロトタイプ

動作確認・検証を行うための試作品のこと。静止画であるワイヤーフレームに、画面遷移やアニメーションなどの動的な要素を加え、動きや流れを確認する。

図1 Web制作の一般的なワークフロー

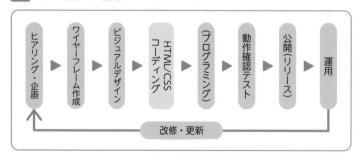

このように「前工程をもとに作成」を繰り返していくものですので、序盤で小さなほころびを放置すると、後工程に進むごとに問題は大きくなっていきます。後の工程に響かないよう、一つひとつ確実に仕上げてコマを進めることが肝心です。

Webサイトは息の長い制作物

Webサイトは公開して終わりではなく、運用し、常に改修・更新をしていく、長い付き合いとなるメディアです。運用しはじめてすぐの改修作業もあれば、数年後に大きなリニューアルをすることもあります。そのため自分でもどんな記述をしたか忘れていたり、違うWebデザイナーが担当することもあります。その際にHTMLのインデントがなかったり、意味のわからないクラス名が乱立していたりしたら、コードをまず読み解くという無駄な作業が生まれてしまいます。

つまりHTML/CSSのコーディングにおいて、「誰が見てもわかりやすく」また「修正しやすく」設計し作ることはとても重要です。どんなコードが修正しやすいのか、といった具体的なポイントはLesson5-05で紹介しています◯。

170ページ、**Lesson5-05**参照。

Webデザイナーの仕事

「Webデザイナー」とひとくちに言っても仕事はさまざまです。ビジュアルデザインからコーディング、そして公開作業までが基本的な守備範囲となりますが、すべてを一人でやったり、デザイン担当とコーディング担当に別れるパターンもあります。デザインのみを担当する場合でも、コーディングの知識がなければ作ったデザインがWebサイトとして成り立たないこともあります。

また制作現場には、プロジェクト全体の進行管理をしたり、クライアントと制作陣の架け橋となるディレクターが要となります。

! POINT

デザインが確定しないままコーディングに進んだりすると、せっかくコーディングした部分のデザインが変更になってしまうなど、作ったものが無駄になってしまうこともあります。チーム内やクライアントと定期的にイメージを擦り合わせ、認識の齟齬をなくしましょう。最初のうちはなかなか難しいですが、「急がば回れ」の通り、焦らず着実に進めていくのが一番の近道です。

memo

5ページほどのWebサイトであれば1〜3人でやってしまうことが多いですが、大きなサイトになると、複数人でコーディングを担当したりします。その際にマークアップの仕方やクラス名のつけ方が全員バラバラだと、お互いを補い合えなくなるので、着手前にしっかりチーム内で方向性を決めておきましょう。

事前準備と完成形の確認

THEME
テーマ

デザインが完成した後のコーディングは、いきなり始めてはいけません。コードを書く前に3つの視点からデザインをしっかり確認し、把握して頭の中を整理しましょう。

デザインカンプの確認と全体の構造把握

Lesson5では、ダイビングスクールのWebページを作成していきます。通常、ビジュアルデザインはPhotoshopやIllustrator、Sketch、AdobeXDなどのデザインツールを使って作成します。図1のようにページ全体のデザインを書き出したものを**デザインカンプ**（略して「カンプ」）と呼び、このカンプをもとにHTMLやCSSでコーディングしていきます。

図1 デザインカンプ

コーディングに入る前には、次の３つを必ず行います。

❶ ディレクトリ作成
❷ メタ情報の整理（<head>タグ内を書くため）
❸ 全体構造の把握（<body>タグ内の組み立て方を決める）

順番は決まっていませんが、今回はこの❶〜❸の順番でやっていきましょう。

準備①ディレクトリ作成

コーディングをはじめる前に、サイトデータの保存場所を決めましょう。図2では、制作作業を行うPCの任意の場所に「Lesson5_sample」というフォルダを作成し、その中に「css」フォルダと「img」フォルダを作成しました。

ここで作成するのは1ページのみのサイトですので、シンプルな構造になっています。このようなフォルダ構造は、Webでは「ディレクトリ」と呼びます。ディレクトリの整理ができたら「index.html」を新規作成し、**Lesson3-01**で学んだHTMLのテンプレートを記述しましょう○。

> **！ POINT**
>
> 自分の使用しているPCの中にサイトデータを入れていくためのフォルダを一つ用意し、これから作るサイトを一覧で見られるようひとまとめにしておきましょう。Webサイト制作にはファイルやフォルダをたくさん扱うので、とにかく整理する習慣をつけましょう。

➡ 59ページ、**Lesson3-01**参照。

図2 ディレクトリ構成

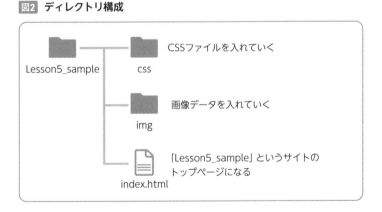

Lesson5_sample

CSSファイルを入れていく
css

画像データを入れていく
img

「Lesson5_sample」というサイトのトップページになる
index.html

準備②メタ情報の整理

<head>タグに記述するためのメタ情報は、実務ではデザインができ上がる前にチーム内で共有されていることが多いですが、ここではでき上がっているデザインカンプからページについての情報を整理してみましょう。

図1のデザインカンプを見ると、ダイビングスクールのページ

であること、ダイビングライセンス取得のキャンペーンを実施していることなどがうかがえ、申し込みフォームが設置されているのも確認できます。このページで一番伝えたいのは「最短5日でダイバーデビュー」というキャッチコピーで、このページの目的は「申し込みを得ること」です。

準備③全体構造の把握

次に、全体の構成を「マークアップ目線」で見てみましょう。このサイトは 図3 のように、大きく❶ <header> タグ、❷ <main> タグ、❸ <footer> タグ、と切り分けることができそうです。またメインコンテンツの中はメインビジュアル、3つのセクション、画像、に分けられますね。

図3　全体の構造を把握する

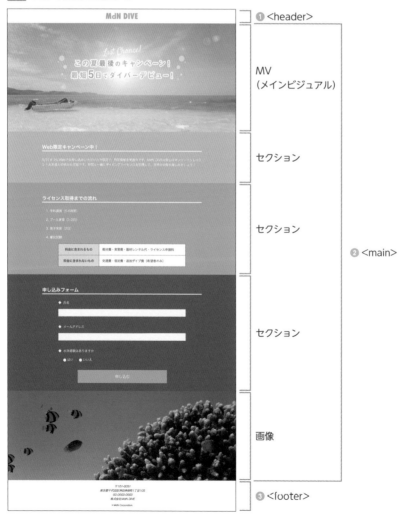

❶ <header>

MV
（メインビジュアル）

セクション

セクション

❷ <main>

セクション

画像

❸ <footer>

もう少し細かく、各セクションの中身を見てみましょう図4。各セクションは文字色や見出しのデザインは同じですが、背景色がそれぞれ違います。また、背景色は横幅いっぱいに塗られていますが、テキストなどの情報は幅が指定してあり、中央配置になっています。つまり<section>タグの中にもうひとつ<div>タグを入れたほうがいいということがわかります。

図4　セクション部分の幅

HTMLでマークアップしよう

THEME
テーマ
HTMLのマークアップを進めていきます。ここまで学んだHTMLの基本や各タグの意味を復習しながら、ページ全体の構造を「マークアップ目線」で見て、どこに・どんなタグを使うとよいか考えてみましょう。

▌ <head>タグの中を書いてみよう

Lesson5-02で整理した情報をもとに、HTMLのテンプレートに記述していきます、<title>タグは「最短5日でダイバーデビュー！- MdN DIVE」にしました 図1。<title>タグにはサイトのタイトルではなく「このページ」のタイトルを書きます。

今回の場合は「MdN DIVE」だけでも問題はないですが、「最短5日でダイバーデビュー！」を足してページの趣旨が伝わるようにします。

図1 <head>タグ内の記述

```
<head>
  <meta charset="UTF-8">
  <title> 最短 5 日でダイバーデビュー！ - MdN DIVE</title>
  <meta name="description" content="MdN DIVE は千代田区にあるマンツーマンダイビングスクールです。5/31 まで Web 限定キャンペーンを実施中！ ">
</head>
```

次にdescriptionを記述します。ページの紹介文を書くところですが、検索結果に表示される場合を考慮して、今回はキャンペーンの内容も記述しておきました。

このサイトはレスポンシブ化しないため、ビューポートの記述は入れていません◯。また、CSSの読み込みをする<link>タグは、後述するCSSを書く際に追記します◯。

> **memo**
> ページが複数あるサイトを制作する場合、<title>タグやdescriptionの内容（content属性の値）はページごとに変えることが好ましいでしょう。

◯ 26ページ、**Lesson1-06**参照。

◯ 166ページ、**Lesson5-04**参照。

\<body\>タグの中を書いてみよう

Lesson5-02でページ全体を見て設計の予測を立てたとおり、\<body\> タグの中を大きく \<header\> タグ、\<main\> タグ、\<footer\> タグで切り分け、\<main\> タグの中を画像のエリアとセクションに分けます。ページ上部の画像だけが入るエリアはセクションではないので \<div\> タグを使い、見出しがそれぞれついている部分は \<section\> タグを使います 図2 。

▢ **memo**

\<div\>タグを書くときは、図2 のようにあらかじめクラスを振って、なんのエリアかわかるようにしておくと、CSSを書く際に便利です。このとき、クラス名は1単語にせず、2単語以上でバリエーションを作れるようにしておきましょう。

図2 \<body\>タグ内をエリアに分ける

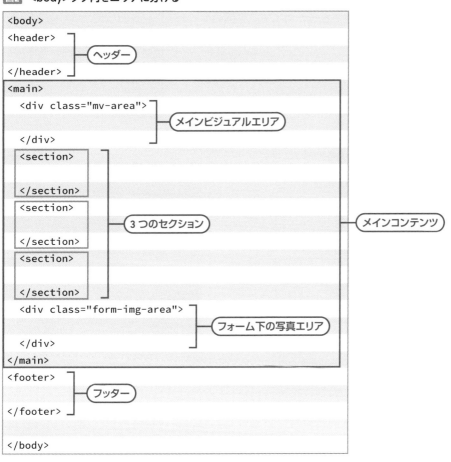

<header>からメインビジュアルまで

<header>タグの中身には、ロゴ画像を配置するため<img>タグを使います。「ダイビングスクールMdN DIVEのロゴ」は文書の一番大きな見出しとなるので、<h1>タグで囲む形で<img>タグを配置します。

メインビジュアルとなる画像には、今回は写真の中央に文字が入った1枚画像を使用します。レスポンシブ対応のサイトを制作する場合は、海の画像と文字部分の画像の2枚に分けておくほうが好ましいです。CSSのメディアクエリを使って、写真とテキストの位置や大きさををそれぞれで調整できるためです。今回のサイトはレスポンシブ対応は行わないため、マークアップも簡単な1枚画像にしています。

memo
メインビジュアルには大きな画像を使用しているため、図3 ではブラウザのウィンドウから画像が切れてしまっていますが、後々CSSでサイズを調整するので問題ありません。

図3 **<header>からメインビジュアルまでのマークアップ**

セクションを作り込む

まず、Lesson5-02の 図3 で確認した通り、3つの<section>タグの直下に<div>タグを作ります。クラス名はすべて「.section-inner」とします。もう一度デザインカンプを見ると、3つの<section>の見出しはすべて同じレベル感・同じスタイルですので、3つとも<h2>タグにします。

各セクションの中身は1つ目は見出しと段落、2つ目は見出しとリストとテーブル、3つ目は見出しとフォームになっています。

2つ目のセクションで使われているリストは手順を表しているので<ol>タグ（番号付きリスト）を使いましょう。また、テーブルは2行2列で、<th>タグ（見出しセル）が左側に来るようにマークアップします。

そしてフォームは、まず<form>タグを記述し、action属性（送信先）とmethod属性（送信方法）を記述します。今回はフォームを送信するphpプログラムは書きませんので、仮に「program.php」としています 図4。

Lesson 5 シンプルなWebページを作る

memo
同じレベルの見出しでも、デザインの違うものが混在している場合は、それぞれデザインごとにクラス名をつけて区別するとよいでしょう。今回は1種類なのでクラスはつけていません。

図4 セクションを作り込む

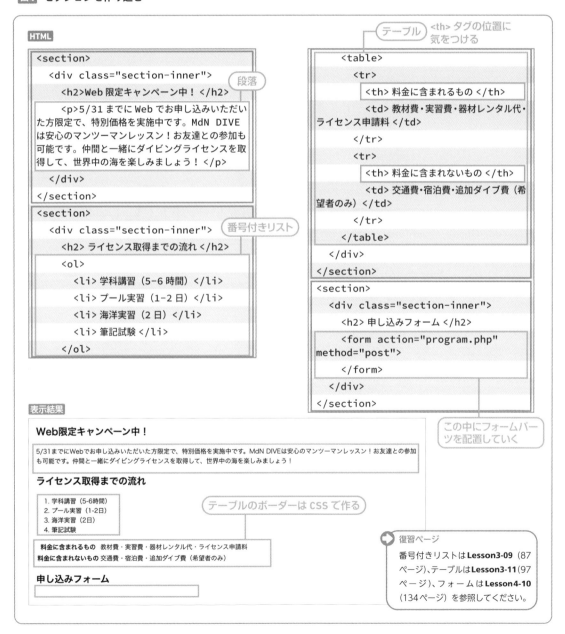

復習ページ
番号付きリストは **Lesson3-09**（87ページ）、テーブルは **Lesson3-11**（97ページ）、フォームは **Lesson4-10**（134ページ）を参照してください。

フォーム内を作り込む

フォームの各パーツの作り方はLesson4-10で学びました。ラジオボタンと選択肢のテキストを \<label\> タグで囲むと、テキスト部分をクリックしてもラジオボタンにチェックが入るようにできることを学びました。\<label\> タグでフォームパーツを囲む以外にも、\<label\> とフォームパーツを紐付けることができます。

\<label\> のfor属性とフォームパーツのid名を同じにすると、「テキスト部分（label部分）をクリックすると入力欄にカーソルが入る」といったことが可能になります。図5では「氏名」を \<label\> タグで囲み、「for="user-name"」としています。氏名を入力する\<input\> タグには、紐付けるため「user-name」というidを追加しています。

フォームパーツについては **Lesson4-10**（134ページ）を参照してください。

図5　フォームパーツの配置

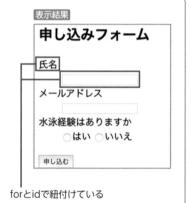

```
HTML

<form action="program.php" method="post">
  <dl>
    <dt><label for="user-name"> 氏名 </label></dt>
    <dd><input name="user-name" id="user-name"
type="text"></dd>
    <dt><label for="user-email"> メールアドレス </
label></dt>
    <dd><input name="user-email" id="user-email"
type="text"></dd>
    <dt> 水泳経験はありますか </dt>
    <dd><input type="radio" name="swim" value="
はい " id="swim-yes"><label for="swim-yes"> はい </
label>
        <input type="radio" name="swim" value="
いいえ " id="swim-no"><label for="swim-no"> いいえ
</label></dd>
  </dl>

  <div class="form-submit">
    <button name="submit" id="submit"
type="submit"> 申し込む </button>
  </div>
</form>
```

表示結果

申し込みフォーム

氏名

メールアドレス

水泳経験はありますか
○はい ○いいえ

申し込む

forとidで紐付けている

memo

nameとidとforが同じ名前だと混乱しがちですが、ラジオボタンの設問を見るとわかりやすいでしょう。name属性はフォームを送信するために必要なもので、設問ごとに同じ名前に揃えます。idは同一ページ内で同じ名前が使えないので、1つの設問の中でも選択肢ごとに変える必要があります。\<label\> タグはフォームパーツ1つ1つに結びつけたいので、nameではなくidと紐付きます。

フォーム下の画像とフッターのマークアップ

　サンゴ礁と熱帯魚の写真の配置はメインビジュアルと同じように `<div>` タグで `<img>` タグを囲む形で記述します。配置の仕方は同じですが、メインビジュアルはページの中でも重要な役割をもっているので、クラス名は変えています。

　フッター部分にはダイビングスクールの連絡先とコピーライト情報を記述します。連絡先はすべて `<address>` タグで囲み、情報の区切りごとに `<br>` タグで改行させています。コピーライト情報は脚注やライセンス表記をする `<small>` タグを使います。©マークは特殊文字ですので、特殊文字コード◉で書くか、「(c)」と表記してもよいでしょう 図6。ここまで書けたら、マークアップは完成です。

⬭ 124ページ、**Lesson4-06**参照。

図6 フォーム下の画像とフッター

CSSを書いてみよう

HTMLでマークアップを終えたページにCSSでスタイルをつけていきましょう。CSS
ファイルはHTMLファイルの<head>タグ内で、<link>タグを使って読み込ませます。

CSSの読み込み

CSSを記述していく前に読み込みの設定をします。今回はデフォルトCSSを打ち消すための「normalize.css」と、自分が書くCSSファイル（style.css）の2つを使います。normalize.cssで標準化した後style.cssで上書きしていくので、図1のような順番で読み込ませます。

図1の右図は、normalize.css と空のstyle.css を読み込ませた状態の表示結果です。

> **memo**
> normalize.cssはインターネット上で配布されている、MITライセンス（誰でも無料で自由に使うことができる）のもので、ここではv8.0.1を使用しています。

図1　<head>タグ内でCSSを読み込む

`HTML`

```
<head>
  <meta charset="UTF-8">
  <title>最短5日でダイバーデビュー！- MdN DIVE</title>
<meta name="description" content="MdN DIVEは千代田区にあるマンツーマンダイビングスクールです。5/31までWeb限定キャンペーンを実施中！">
  <link rel="stylesheet" href="css/normalize.css">
  <link rel="stylesheet" href="css/style.css">
</head>
```

`表示結果`

normalize.css
だけが効いている状態（余白などが調整されている）

全体構造からレイアウト

では、CSSでスタイルを書いていきます。大きな要素や、共通のものから作り、後から細かい部分を作ったり、例外的な部分を上書きしていきます。

全体の共通設定とヘッダーまでを書いてみましょう 図2。font-familyプロパティはフォントの種類を決めるプロパティです。複数のフォントを記述すると一番に書いたフォントが適用されますが、ユーザーのデバイスにそのフォントがインストールされていなければ、次のフォントが適用され、それもなければ次、というように適用されるフォントが決まります。「font-weight: 400」は細字でも太字でもない標準的な太さです。フォントにもよりますが、100（細）〜 900（太）の100刻みの数字で設定できます。

図2 共通設定、ヘッダー、MVのスタイル

```
/* ----- 共通設定 ----- */
* { box-sizing: border-box; }
body {
  font-family: "ヒラギノ角ゴ ProN", Meiryo, sans-serif;   ── フォントの設定
  font-weight: 400;      ── 文字の太さ
  font-size: 16px;       ── 文字サイズ
  line-height: 1.5;      ── 行高
}
img { display: block; }


/* ----- HEADER MV ----- */
header img {
  width: 170px;
  margin: 0 auto;        ── ロゴのサイズを決め中央配置
}
.mv-area img {width: 100%;}   ── MVの画像が画面いっぱいに
                                 収まるよう幅を100%指定
```

memo
サイトの顔となるビジュアルのことをメインビジュアルやキービジュアルと呼び、MVやKVなどと略されます。

セクションのスタイル

ここでセクション部分の完成形をもう一度見てみます 図3。背景色は幅100%で塗られていますが、テキスト部分はもっと狭い幅になっていますね。背景色は100%幅の <section> タグに塗り、「div.section-inner」でテキストの幅を設定し中央寄せにします 図4。

167

図3 セクション部分の完成イメージ

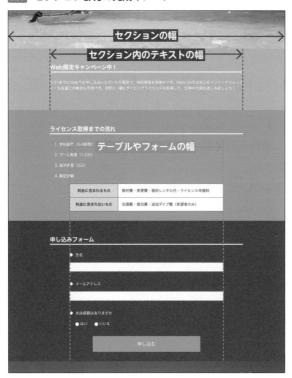

図4 メインコンテンツのCSSスタイル

```
/* ----- SECTION 共通 ----- */
section {
  width: 100%;
  padding: 40px 0;           ← 幅は 100% で共通
}
section:nth-of-type(1) { background-color: #dec200; }
section:nth-of-type(2) { background-color: #3eb6bd; }   ← 背景色はそれぞれ指定
section:nth-of-type(3) { background-color: #3d5a6d; }

.section-inner {
  width: 70%;                ← <section> の中身を中央配置 ①
  margin: 0 auto;
}

h2 {
  border-bottom: 4px solid #fff;
  margin-bottom: 30px;       ← 見出しの共通スタイル
  color: #fff;
}
p {
  margin-bottom: 40px;
  color: #fff;
}
```

← <section> の設定

HTML

```
<section>
  <div class="section-
inner"></div>
</section>
```

①の対象となっているHTML

```
/* ----- LIST ----- */
ol li {
  margin-bottom: 20px;
  color: #fff;
}
/* ----- TABLE ----- */
table {
  width: 80%;                    ← .section-inner に対して 80%
  margin: 0 auto;
  border-collapse: collapse;     ┐
  border-spacing: 0;             │ テーブルのボー
  background: #fff;              ┘ ダーの基本設定
}
th,td {
  padding: 1em;                  ← セル内の余白
  border: 1px solid #3d5a6d;
  color: #3d5a6d;
}                                ← <th> のみ背景色
th { background-color: #bfe1f6; }
/* ----- FORM ----- */
form{
  width: 80%;                    ← .section-inner に対して 80%
  margin: 0 auto;
}
form dt {margin-bottom: 20px;}
form dt,
form label{color: #fff;}
form dt:before{
```

```
    content: "◆";               ← 項目名にマークを追加
    margin-right: 10px;
}
form dd {
    margin-bottom: 40px;        ← 設問ごとの余白
    margin-left: 0;
}
input{
    width: 100%;
    border: none;
    padding: .5em;
    font-size: 1.1em;
}
input[type="radio"] {           ← 少しインデントを
    width: 1em;                    下げて見やすく
    margin-left: 24px;
    margin-right: 4px;
}                               ← 送信ボタンの装飾
button[type="submit"]{
    background-color: #3eb6bd;
    margin: 40px auto 0;
    display: block;
    width: 70%;
    padding: 20px;
    color: #fff;
    font-size: 20px;
}
.form-img-area img { width: 100%; }
```

フォーム下の画像が画面いっぱいに収まるよう幅を指定

フッターのスタイル

　カンプ（156ページ、Lesson5-02 図1）を見ると、フッターのデザインはとてもシンプルです。フッターはページのメインコンテンツではないので、文字サイズも小さめになっています。また、余白をしっかり設定しましょう。フッター内すべてのテキストが中央揃えですので、<footer> 自体に text-align:center を指定しています。ここまで書けたら CSS の完成です 図5。

図5　フッターのスタイル

```
/* ----- FOOTER ----- */
footer {
  padding: 20px;
  text-align: center;
  font-size: .9em;
}
```

```
address, small {
  margin-bottom: 10px;
  color: #2F4858;
}
```

05

完成と制作のポイント

THEME テーマ　ダイビングスクールのサイトを題材にHTML/CSSのコーディングを学んできましたが、コーディング後の検証や、修正しやすいコードを書くためのポイントについて解説します。

コーディングを終えたら必ず検証しよう

　コーディング中もブラウザで表示のチェックをしますが、HTML/CSSのコーディングが終わったら各ブラウザで表示崩れがないかを検証します。実務であれば、この後クライアントの最終確認を経て公開となります 図1 。

図1　完成形のブラウザ表示

ポイント①：大枠から作っていく

　HTMLもCSSも大きなパーツや共通のパーツから書いていきましょう。

　HTMLはエリアを作ってから中を作り込んでいき、CSSは共通設定を先に書いてから、例外的なところや具体的なところを作り込んだり上書きすれば、無駄なコードが少なくなります。そのためには、着手前にデザインをしっかり見て設計を考えましょう。

ポイント②：classやidの命名規則を決めよう

　修正しやすいサイトを作るためには、少なくともそのサイト内で命名規則を決めておくとよいでしょう 図2 。他の人が見たときに想像がつかないような名前は、時間が経つと自分でも忘れてしまいます。慣れるまでは難しいですが、のちのちどういった懸念が考えられるか、少しずつ予測できるようになりましょう。

> **memo**
>
> 大規模なサイトや、制作会社での制作は複数人で1つのサイトをコーディングしていくため、BEM（ベム）やOOCSSと呼ばれるクラスの命名法を取り入れることもあります。気になる方はまずメジャーなBEMについて調べてみるとよいでしょう。

図2　避けたいclassの名前

避けたいclass名／id名	例	想定される問題点	解決策の一例（この限りではありません）
1単語	.area、.item など	クラス名のレパートリーが作りづらい	パーツ名と内容をつなげた2語以上にする （例：.img-area、.merit-item など）
略称	.sc-i など	後でわからなくなる	略称はなるべく避ける。略す場合は誰でも想像がつく形にする （例：.section-inner、.sec-inner など）
意味のない採番	.text-1 など	後から順番が変更になるかもしれない	番号が必要な場合はつけてもよいが、疑似クラス nth-of-type(n) でスタイリングできるものは疑似クラスを使う（◯ 168ページ、Lesson5-04 参照）。
具体的な色名	.text-red、.blue-area など	後から色が変更になるかもしれない	色名ではなく、用途で書く （例：.text-attention、.article-area など）

ポイント③：マークアップには正解が無い

　マークアップの方法は1通りではありません。たとえば、MdN DIVEのサイトでは <header> タグの中にメインビジュアルを入れてしまってもいいですし、今回「form-img-area」というクラス名をつけた <div> タグのエリアは <main> タグの中から出して、<aside> タグにする方法もあるでしょう。このように絶対的な正解はありませんが、大切なのはサイト内で一貫性を保つことです。

> **memo**
>
> 何も考えず上から順番に作っていると、むだなタグが増えたり、書き終わったはずの箇所に <div> タグを追加したり、と手戻りが増えます。慣れないうちはそういった手戻りは多々ありますが、追記したり書き直したりする際に、インデントが崩れてしまうので適宜インデントも調整しましょう。HTMLのインデントが整っていると、終了タグを誤って消してしまったときにすぐ気がつけたり、タグの親子関係を把握しやすくなります。

Column

CSSセレクタの優先順位

CSSは上から下へ読み込まれるので、CSSファイルの上のほうに共通設定を書き、より具体的、例外的な部分は下の方に書いて、上書きしましょうという話をしました。必ずしも上方が弱く下方が強いというわけではなく、セレクタの書き方によっては下方に書いても上書きできないことがあります。セレクタで見る優先順位について知っておきましょう。

図1の<p>タグに対し、図2では6通りのセレクタで文字色を指定しています。セレクタの強さは①→⑥の順に強くなります。⑥のidセレクタが一番強いので、①から⑥をどんな順番で書いても<p>タグはブルーになります。

図3の⑦はidセレクタに子孫セレクタが掛け合わさって、さらに強くなるため、⑦まで書くと、<p>タグはピンクになります。このように、セレクタをかけ合わせて限定的にすればするほどセレクタは強くなります。そして、図3の⑧のように、値のうしろに「!important」を記述すると、どんな書き方をしたセレクタよりも強くなり、上書きすることはできなくなります。

セレクタを掛け合わせて長くしすぎると、「なぜか効かない」「上書きできない」などの問題が生まれるため、自分が管理できる長さに留めましょう。また、効かないからと「!important」を乱用すると、運用や修正の難しいCSSになってしまうため、どうにもならないときの最終手段にとっておきましょう。

図1 HTML

```
<div id="pink">
  <p class="red" id="blue"> 何色になる？ </p>
</div>
```

図2 CSSセレクタの優先順位

`*{color: black;}`	① 全称セレクタ
`p{color: brown;}`	② 要素セレクタ
`p.red{color: red;}`	④ class セレクタ
`p#blue{color: blue;}`	⑥ id セレクタ
`div p{color: yellow;}`	③ 子孫セレクタ
`div p.red{color: orange;}`	⑤ 子孫+ class セレクタ

図3 図2の表示結果

図4 さらに強いセレクタ

`div#pink p{color: pink;}`	⑦ id+ 子孫セレクタ
`p{color: green !important;}`	⑧

シングルページの
サイトを作る

レスポンシブWebデザインに対応した「シングルページ」の
Webサイトを作ってみましょう。モバイルファーストの考
え方で制作するため、CSSではスマートフォン表示を想定
したスタイルから先に書いていきます。

読む　　　練習　　　制作

完成形と全体構造の確認

THEME テーマ

このLesson6では、1ページで完結するレスポンシブWebデザインのサイトを制作していきます。まずは全体の構造をつかみ、テキストや画像などの素材を用いてHTMLやCSSを記述することでどのように完成形に持っていくのかをイメージしましょう。

サンプルサイトの仕様について

このLessonではサンプルサイトとして、エムディエヌコーポレーションから出版されているWebデザイン初学者向けの書籍『初心者からちゃんとしたプロになる Webデザイン基礎入門』を紹介するページを作成します。書籍の情報をモバイル表示用としてレイアウトし、続けてPC表示用にレイアウトをするためのスタイル調整を付加していきます。以下は本サンプルサイトの仕様です。

- 1ページで完結するページを作成する。
- モバイル閲覧時には1カラムで表示する。
- メディアクエリでレイアウトを変更する。
- PC閲覧時には、一部のコンテンツをFlexbox◐で2カラムで表示する。

31ページ、**Lesson1-07**参照。
104ページ、**Lesson4-01**参照。

レスポンシブWebデザインの設定

このサンプルサイトでは、Webブラウザの表示幅768pxを ✎「ブレイクポイント」に設定し、モバイル表示用とPC表示用の2つに分けて制作していきます。CSSでスタイルを指定するポイントは次のようになります。

- ブレイクポイントを768pxに設定する。
- メディアクエリ◐を使って「**モバイルファースト**」で記述する。
- 768px以上の場合は、PC用のスタイルで設定を上書きする(最終調整で一部992px以上の場合のスタイル設定を行います)。

! POINT

スマートフォン、タブレット、デスクトップなど、ブレイクポイントの数が増えるとCSSでの記述項目も多くなります。今回は、レスポンシブWebデザインの基礎としてブレイクポイントを1つ設定し、モバイル用とPC用の2つのレイアウトを切り替えます。

27ページ、**Lesson1-06**参照。

WORD モバイルファースト

ユーザーがモバイルデバイスで閲覧や利用することを想定し、モバイル用の設定を優先してWebページを開発・構築をしていくことを指す。

サンプルサイトの構成について

サンプルサイトのタイトルは書名と同じ「初心者からちゃんとしたプロになる Web デザイン基礎入門」です。まずは、ページを構成しているコンテンツを確認していきます 図1 図2 。

memo
Lesson6のサンプルサイトで使用している写真は、すべて棚田瑛葵 氏に提供いただいたものです。

① ヘッダー（メインビジュアル）
② 本書の特長（特長1・特長2・出版社の書籍紹介ページへのリンク）
③ 本書の章構成
④ 本書の著者
⑤ フッター（書籍情報・SNS リンク・コピーライト）

図1 表示幅768px未満（モバイル用）の完成イメージ

図2 表示幅768px以上（PC用）の完成イメージ

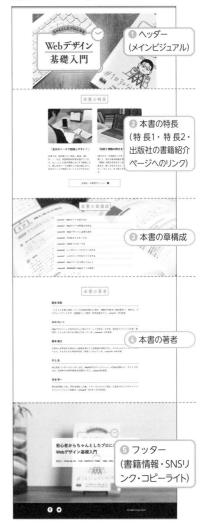

02

HTMLでページの大枠をマークアップする

THEME テーマ

ページの骨組みとなる大枠からマークアップしていきます。まず、テキスト原稿をHTMLファイルに貼りつけ、HTMLのコーディングを行う下準備をしましょう。そうすることで、後の作業を効率的に進められます。

データを収納するフォルダを作成する

HTMLのコーディングに入る前に、Webサイトのデータを収納するフォルダ（ディレクトリ）を作成します。サンプルでは「Lesson6_sample」というフォルダを作成し、その中にindex.htmlを用意しています。さらにCSSファイルを収納する「css」フォルダ、画像類を収納する「img」フォルダを作成しています 図1。

図1 サンプルサイトのフォルダ構造

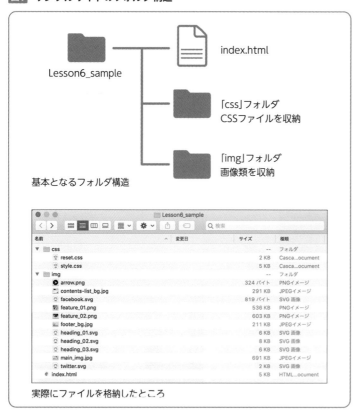

Webサイトのデータを収納するフォルダの構造は、Webサイトのページ構成と合わせます。 🖍 最上層にトップページ（index.html）があり、下位ページのHTMLファイルは下層フォルダに収納するのが一般的です。ここで制作をするサンプルサイトは1ページで完結するサイトですので、下層ページがないためフォルダの構造もシンプルですが、HTMLのページ数や使用をしているファイルによってフォルダの数も増えていきます。

index.htmlのベース

テキスト原稿を貼りつける前のindex.htmlのベースは 図2 です。今回のサンプルサイトはHTMLファイルが1枚だけですので、必ずしもHTMLのテンプレートを用意しなくても構いませんが、HTMLファイルが複数になる場合はこのようなテンプレートをもとに各ページのHTMLファイルを作成していくと効率よく作業を進めることができます。

図2 index.htmlのベースになるHTML

```
<!DOCTYPE html>
<html lang="ja">
<head>
<meta charset="UTF-8">
<title> ページタイトル </title>
</head>

<body>
ここにテキスト原稿を貼りつける
</body>
</html>
```

HTMLのテンプレートはおおよそこのような状態で用意されますが、細かい部分はサイトによって異なります。

POINT

多くのWebサーバではディレクトリの中に「index.html」というファイル名のデータがある場合に、そのファイルをトップページだと認識してくれます。たとえば、デジタルハリウッド株式会社のWebサイトのトップページのファイル名は「index.html」ですが、本来は「https://www.dhw.co.jp/index.html」へアクセスする必要があります。もちろん、そのURLでもアクセスできるのですが、実際には「https://www.dhw.co.jp/」でもアクセスできます。これは「index.html」というファイルがトップページであるとWebサーバが認識をしてくれているためです。このようなことがあるのでディレクトリ内のトップページのHTMLファイルには「index.html」という名前をつけることが一般的なのです。

ページ構造の確認とテキスト原稿の準備

index.htmlにテキスト原稿を貼りつける前に、あらためてページ全体の構造を確認しておきましょう。ここではモバイルファーストで作成するので、モバイル用の完成イメージで確認します 図3。

図3 サンプルサイトの構造

ヘッダー
（メインビジュアル）

本書の特長
（特長1・特長2・出版社の書籍紹介ページへのリンク）

本書の章構成

本書の著者

フッター
（書籍情報・SNSリンク・コピーライト）

　続けて、テキスト原稿を確認します図4。サンプルサイトの構造に合わせて、テキスト情報や画像のalt属性用のテキストが用意されています。自分でWebサイトを作成する場合にも、このように掲載をする情報をテキスト原稿にまとめておくとよいでしょう。また、クライアントから受注したWebサイト制作案件では、伝えるべき情報のことを知っているのはクライアントなので、このようなテキスト原稿をクライアントに用意してもらうと、情報の間違いが少ないでしょう。

図4　テキスト原稿

図3 で確認したページ構造の順番にテキストを整えています。

head要素を編集する

　さっそくbody要素内をマークアップしていきたいところですが、その前にhead要素内の編集を行います。title要素内にページタイトルを入れ、meta要素を使用してページの説明文を加えます（次ページ 図5 ）。

　また、今回のサンプルサイトには書籍情報に中に「ISBNコード」というハイフン区切りの数字が含まれています。このようなハイフン区切りの数字がある場合にスマートフォンがその数字を電話番号だと認識してしまい、自動リンクしてしまいます。その自動リンク機能を無効にする記述をmeta要素に加えます。

WORD　ISBNコード

「International Standard Book Number」の略で、図書および資料の識別用に設けられた国際規格コードを指す。

179

図5 head要素の編集

```
<!DOCTYPE html>
<html lang="ja">
<head>
<meta charset="UTF-8">
<title>初心者からちゃんとしたプロになる Web デザイン基礎入門</title>
<meta name="description" content="MdN コーポレーションの書籍「初心者から
ちゃんとしたプロになる Web デザイン基礎入門」の紹介をするホームページです。">
<meta name="format-detection" content="telephone=no">
</head>

<body>
ここにテキスト原稿を貼りつける
</body>
</html>
```

ページタイトル

ページの説明文

電話番号の自動
リンクの無効化

ヘッダー、メインコンテンツ、フッターの箱を作る

body 要素内に **図4** のテキスト原稿を貼りつけてマークアップに入ります。内容に合わせて、最適なタグを使ってマークアップをしていきます。最初に、 *!* ページの大枠となるヘッダー、メインコンテンツ、フッターをマークアップします。続けて、main 要素内に「本書の特長」「本書の章構成」「本書の著者」の箱を作ります。さらに「本書の特長」の中には「特長 1」「特長 2」の箱を作ります。これらの箱はすべて section 要素でマークアップしています **図6** **図7** 。

! POINT

HTMLをマークアップする手順としては、今回のように大枠を作ってから中身の情報を適切な意味の要素（タグ）でマークアップしていく方法もありますし、各情報を適切な意味の要素（タグ）でマークアップした後に大枠で囲んでいく方法もあります。自身のやりやすいと感じる手順でマークアップしてかまいません。

図6 大枠を作った後、main要素内をマークアップ

```
<body>

<header>
==ヘッダー==
【大見出し画像】
初心者からちゃんとしたプロになる Web デザイン基礎入門
</header>

<main>
<section>
==本書の特長==
【中見出し画像】
本書の特長
<section>
【特長 1 の見出し】
「自分のペースで勉強しやすい！」
```

ヘッダー

メインコンテンツ

【特長 1 の説明文】

本書では、各記事ごとに 15 分、30 分、60 分・・・など、学習時間の目安を設けています。ちょっとした空き時間に少しずつ勉強したり、難しめのパートは集中して取り組んだり、自分のペースで学習していくことができます。

</section>

<section>

【特長 2 の見出し】

「技術と理論の両方を習得できる！」

【特長 2 の説明文】

1 冊の中で、手を動かして作ってみるパート（実践）と、読んで基本知識を身につけるパート（理論）の両方を交えています。HTML や CSS の書き方・使い方はもちろん、「なぜ、必要なのか」「どうして、そう書くのか」も習得できます。

</section>

【出版社の書籍紹介ページへのリンク】

出版社・本書紹介ページへ

（リンク先：https://books.mdn.co.jp/books/3219203009/）

</section>

<section>

==本書の章構成==

【中見出し画像】

本書の章構成

【目次項目】

Lesson1　Web サイトの成り立ち

Lesson2　Web サイトの枠組みを知る

Lesson3　Web デザインに必要な素材

Lesson4　HTML をマスターする

Lesson5　CSS をマスターする

Lesson6　シングルページのサイトを作る

Lesson7　レスポンシブ対応サイトを作る

Lesson8　Web サイトを公開してみよう

Lesson9　SNS 連携と Web サイトの運用

</section>

<section>

==本書の著者==

【中見出し画像】

本書の著者

【著者情報】

栗谷　幸助

「人と人とを繋ぐ道具」としての Web の魅力に触れ、1990 年代後半に Web 業界へ。現在は、デジタルハリウッド大学・准教授として教育・研究活動を行う。Lesson1・2 を執筆。

おの　れいこ

Web やグラフィック制作を中心に個人やチームで活動中。その他、勉強会やイベント企画・運営等、人と人をつなげる活動も行なっている。Lesson4・5 を執筆。

メインコンテンツ

藤本　勝己

企業の人材育成や広島県から依頼を受けた人材集積の事業も行い、ゼロからのコミュニティ作りなど、さまざまなな事業の形成・発展につなげている。Lesson6 〜 9 を執筆。

村上　圭

株式会社インターロジックに入社。Web 制作のディレクション、HTML/CSS のマークアップのほか、社内外での制作研修を定期的に行う。Lesson3 を執筆。

吉本　孝一

株式会社織に入社。同社を退社した後、フリーランスとして独立、広島を中心にフロントエンドエンジニアとして活動中。Lesson6・7 のサンプルを制作。

</section>

</main>

<footer>
＝＝フッター＝＝
【書籍情報】
初心者からちゃんとしたプロになる　Web デザイン基礎入門
発売日：2019-09-25
仕様：B5 変型判／ 336P
ISBN：978-4-8443-6890-8

【SNS リンク】
Facebook
（リンク先：https://www.facebook.com/mdnjp/）

Twitter
（リンク先：https://twitter.com/MdN_WebBook/）

【コピーライト】
© MdN Corporation.
</footer>

</body>

図7　マークアップ前（左）とマークアップ後（右）

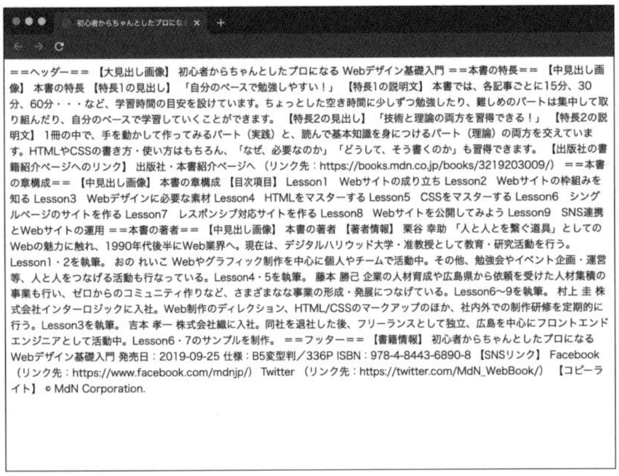

body要素内にテキストを貼りつけただけの表示

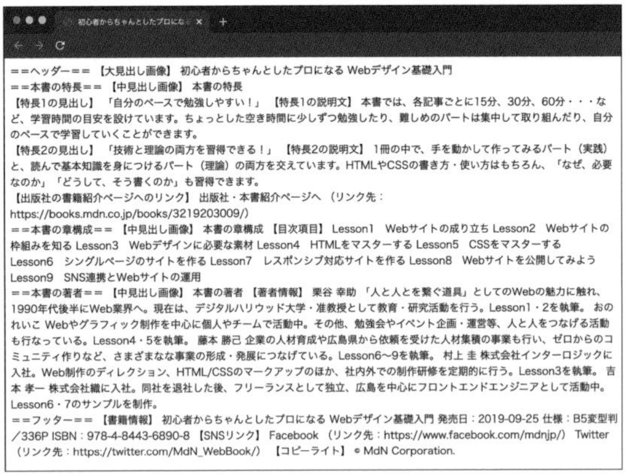

ここまで終えてWebブラウザで表示をしてみると、マークアップに従って改行されているはずです。

HTMLで各セクションを作り込む

ページ構造に応じて大枠の箱のマークアップをしたら、次はそれぞれの箱（各セクション）の中身を適切な意味の要素（タグ）でマークアップしていきます。階層構造（箱の構造）を意識しながら進めていきましょう。

ヘッダーをマークアップする

　ヘッダー内には大見出しとして、書籍のタイトルが入ったメインビジュアルの画像を挿入します。<h1>タグでマークアップし、<img>タグで画像ファイルを指定します。alt属性には書籍のタイトルを入れます 図1 。

図1　header要素内のマークアップ

```
<header>
==ヘッダー==
【大見出し画像】
初心者からちゃんとしたプロになる Webデザイン基礎入門
</header>
```

↓

```
<header>
  <h1><img src="img/main_img.jpg" alt="初心者からちゃんとし
たプロになる Webデザイン基礎入門"></h1>
</header>
```

「本書の特長」セクションをマークアップする

　次にメインコンテンツ内の1番目のセクションである「本書の特長」セクションをマークアップしていきます。index.html内には複数のsection要素がありますが、のちほどCSSでスタイルの指定を行うため、ここのsection要素にはclass属性で「feature」のクラス名をつけておきます（次ページ 図2 ①）。

　続けて、このセクションの中見出しとして、見出し名の入った画像を挿入します。<h2>タグでマークアップし、<img>タグで画像

> **POINT**
>
> ページ内で使用する画像については、高解像度のディスプレイでもきれいに表示されるように、表示サイズの2倍程度の画像解像度にしています。表示サイズは、img要素のwidth属性とheight属性でそれぞれ幅と高さを指定できますが、ここでは記述せず、CSSでサイズを指定します。

を指定します②。alt属性には見出し名「本書の特長」を入れます。

　次に「本書の特長」セクションの中の小さな2つのセクション「特長1」「特長2」のsection要素に、class属性でそれぞれ「feature_01」「feature_02」のクラス名をつけます③④。

　さらに、それぞれのセクション内の見出しと説明文のところを<h3>タグと<p>タグでマークアップし⑤⑥、見出しの上にp要素と✐img要素でイメージ画像を挿入します⑦⑧。そして、それぞれのセクション内のイメージ画像を囲んでいるp要素にはclass属性で「feature_img」のクラス名をつけ、説明文を囲んでいるp要素にはclass属性で「feature_text」のクラス名をつけます。

　最後に「出版社の書籍紹介ページへのリンク」を<p>タグと<a>タグでマークアップします⑨。p要素にはclass属性で「book-more」のクラス名をつけておきましょう。

> **! POINT**
>
> 「特長1」「特長2」セクションのイメージ画像にはimg要素のalt属性に値を記述しませんでした。これは、イメージ画像が装飾の意味合いが強いため代替テキストの必要がないためです。ただ、alt属性自体を記述しなかった場合、音声ブラウザがファイル名を読み上げるなどの挙動をする可能性があるので、alt属性は記述した上で値を空にするというマークアップを行います。

図2 「本書の特長」セクションのマークアップ

```
<section>
==本書の特長==
【中見出し画像】
本書の特長
<section>
【特徴1の見出し】
「自分のペースで勉強しやすい！」

【特徴1の説明文】
本書では、各記事ごとに15分、30分、60分・・・など、
学習時間の目安を設けています。ちょっとした空き時間
に少しずつ勉強したり、難しめのパートは集中して取り
組んだり、自分のペースで学習していくことができます。
</section>
<section>
【特徴2の見出し】
「技術と理論の両方を習得できる！」

【特徴2の説明文】
1冊の中で、手を動かして作ってみるパート（実践）と、
読んで基本知識を身につけるパート（理論）の両方を交
えています。HTMLやCSSの書き方・使い方はもちろん、
「なぜ、必要なのか」「どうして、そう書くのか」も習得
できます。
</section>
【出版社の書籍紹介ページへのリンク】
出版社・本書紹介ページへ
（リンク先:https://books.mdn.co.jp/
books/3219203009/）
</section>
```

→

```
<section class="feature">            ①
    <h2><img src="img/heading_01.svg" alt="
本書の特長"></h2>                        ②
    <section class="feature_01">      ③
        <p class="feature_img"><img src="img/
feature_01.png" alt=""></p>           ⑦
        <h3>「自分のペースで勉強しやすい！」</h3>
        <p class="feature_text">本書では、各記事ご
とに15分、30分、60分・・・など、学習時間の目安を設けて
います。ちょっとした空き時間に少しずつ勉強したり、難し
めのパートは集中して取り組んだり、自分のペースで学習して
いくことができます。</p>                  ⑤
    </section>
    <section class="feature_02">      ④
        <p class="feature_img"><img src="img/
feature_02.png" alt=""></p>           ⑧
        <h3>「技術と理論の両方を習得できる！」</h3>
        <p class="feature_text">1冊の中で、手を動
かして作ってみるパート（実践）と、読んで基本知識を身につ
けるパート（理論）の両方を交えています。HTMLやCSSの書
き方・使い方はもちろん、「なぜ、必要なのか」「どうして、そ
う書くのか」も習得できます。</p>           ⑥
    </section>
    <p class="book-more"><a href="https://
books.mdn.co.jp/books/3219203009/"
target="_blank">出版社・本書紹介ページへ</a></p>  ⑨
</section>
```

「本書の章構成」セクションをマークアップする

　次に「本書の章構成」セクションをマークアップしていきます。まず、ここのsection要素にはclass属性で「contents-list」のクラス名をつけておきます 図3 ①。

　続けて、このセクションの中見出しとして、見出し名の入った画像を挿入します。<h2>タグでマークアップし、<img>タグで画像を指定します②。alt属性には見出し名「本書の章構成」を入れます。

　そして「目次項目」を箇条書きリストとするために<ul>タグおよび<li>タグでマークアップします③。

図3　「本書の章構成」セクションのマークアップ

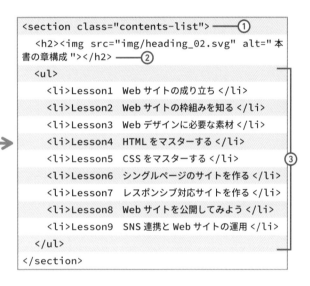

```
<section>
==本書の章構成==
【中見出し画像】
本書の章構成

【目次項目】
Lesson1  Webサイトの成り立ち
Lesson2  Webサイトの枠組みを知る
Lesson3  Webデザインに必要な素材
Lesson4  HTMLをマスターする
Lesson5  CSSをマスターする
Lesson6  シングルページのサイトを作る
Lesson7  レスポンシブ対応サイトを作る
Lesson8  Webサイトを公開してみよう
Lesson9  SNS連携とWebサイトの運用
</section>
```

```
<section class="contents-list">  ①
  <h2><img src="img/heading_02.svg" alt="本書の章構成"></h2>  ②
  <ul>
    <li>Lesson1  Webサイトの成り立ち</li>
    <li>Lesson2  Webサイトの枠組みを知る</li>
    <li>Lesson3  Webデザインに必要な素材</li>
    <li>Lesson4  HTMLをマスターする</li>
    <li>Lesson5  CSSをマスターする</li>
    <li>Lesson6  シングルページのサイトを作る</li>
    <li>Lesson7  レスポンシブ対応サイトを作る</li>
    <li>Lesson8  Webサイトを公開してみよう</li>
    <li>Lesson9  SNS連携とWebサイトの運用</li>
  </ul>  ③
</section>
```

「本書の著者」セクションをマークアップする

　次に「本書の著者」セクションをマークアップしていきます。まず、ここのsection要素にはclass属性で「author」のクラス名をつけておきます（次ページ 図4 ①）。

　続けて、このセクションの中見出しとして、見出し名の入った画像を挿入します。<h2>タグでマークアップし、<img>タグで画像を指定します②。alt属性には見出し名「本書の著者」を入れます。

　そして「著者情報」を説明リストとするために<dl>タグおよび<dt>タグ、<dd>タグでマークアップします③。

図4 「本書の著者」セクションのマークアップ

左側:

```
<section>
==本書の著者==
【中見出し画像】
本書の著者

【著者情報】
栗谷 幸助
「人と人とを繋ぐ道具」としての Web の魅力に触れ、
1990 年代後半に Web 業界へ。現在は、デジタルハリウッ
ド大学・准教授として教育・研究活動を行う。
Lesson1・2 を執筆。

おの れいこ
Web やグラフィック制作を中心に個人やチームで活動
中。その他、勉強会やイベント企画・運営等、人と人を
つなげる活動も行なっている。Lesson4・5 を執筆。

藤本 勝己
企業の人材育成や広島県から依頼を受けた人材集積の事
業も行い、ゼロからのコミュニティ作りなど、さまざま
な事業の形成・発展につなげている。Lesson6 〜 9
を執筆。

村上 圭
株式会社インターロジックに入社。Web 制作のディレ
クション、HTML/CSS のマークアップのほか、社内外
での制作研修を定期的に行う。Lesson3 を執筆。

吉本 孝一
株式会社織に入社。同社を退社した後、フリーランスと
して独立、広島を中心にフロントエンドエンジニアとし
て活動中。Lesson6・7 のサンプルを制作。
</section>
```

右側:

```
<section class="author">      ─①
  <h2><img src="img/heading_03.svg"
alt=" 本書の著者 "></h2>      ─②
  <dl>
    <dt> 栗谷 幸助 </dt>
    <dd>「人と人とを繋ぐ道具」としての Web の魅力
に触れ、1990 年代後半に Web 業界へ。現在は、デジタル
ハリウッド大学・准教授として教育・研究活動を行う。
Lesson1・2 を執筆。</dd>
    <dt> おの れいこ </dt>
    <dd>Web やグラフィック制作を中心に個人やチー
ムで活動中。その他、勉強会やイベント企画・運営等、人
と人をつなげる活動も行なっている。Lesson4・5 を執筆。
</dd>
    <dt> 藤本 勝己 </dt>
    <dd> 企業の人材育成や広島県から依頼を受けた人
材集積の事業も行い、ゼロからのコミュニティ作りなど、
さまざまな事業の形成・発展につなげている。
Lesson6 〜 9 を執筆。</dd>
    <dt> 村上 圭 </dt>
    <dd> 株式会社インターロジックに入社。Web 制作
のディレクション、HTML/CSS のマークアップのほか、
社内外での制作研修を定期的に行う。Lesson3 を執筆。
</dd>
    <dt> 吉本 孝一 </dt>
    <dd> 株式会社織に入社。同社を退社した後、フリー
ランスとして独立、広島を中心にフロントエンドエンジニ
アとして活動中。Lesson6・7 のサンプルを制作。</
dd>
  </dl>
</section>
```
③

フッターをマークアップする

最後にフッターをマークアップしていきます。まず、「書籍情報」の書籍のタイトルを <p> タグでマークアップし（次ページ **図5** ①）、発売日などの情報を箇条書きリストとするために <ul> タグおよび <li> タグでマークアップします②。

続けて「SNS リンク」を箇条書きリストとするために <ul> および <li> タグでマークアップします③。さらに、リスト項目をアイコン画像にするために <img> タグで画像ファイルを指定し、alt 属性にはそれぞれ SNS 名を入れます。そして、アイコン画像にリンク設定をするために <a> タグでマークアップします。

最後に「コピーライト」を <p> タグと <small> タグでマークアップします。p要素にはclass属性で「copyright」のクラス名をつけておきましょう④。図6はここまでのブラウザ表示です。

図5 footer要素内のマークアップ

```
<footer>
==フッター==
【書籍情報】
初心者からちゃんとしたプロになる Web デザイン基礎入門
発売日：2019-09-25
仕様：B5 変型判／ 336P
ISBN：978-4-8443-6890-8

【SNS リンク】
Facebook
（リンク先：https://www.facebook.com/mdnjp/）

Twitter
（リンク先：https://twitter.com/MdN_WebBook/）

【コピーライト】
&copy; MdN Corporation.
</footer>
```

```
<footer>
  <p> 初心者からちゃんとしたプロになる <br>
  Web デザイン基礎入門 </p>                          ①
  <ul>
    <li> 発売日：2019-09-25</li>
    <li> 仕様：B5 変型判／ 336P</li>                  ②
    <li>ISBN：978-4-8443-6890-8</li>
  </ul>
  <ul>
    <li><a href="https://www.facebook.com/
mdnjp/" target="_blank"><img src="img/
facebook.svg" alt="Facebook"></a></li>
    <li><a href="https://twitter.com/MdN_        ③
WebBook" target="_blank"><img src="img/
twitter.svg" alt="Twitter"></a></li>
  </ul>
  <p class="copyright"><small>&copy; MdN
Corporation.</small></p>                          ④
</footer>
```

図6 ここまでマークアップしたHTMLファイルのWebブラウザ表示

スマートフォン幅（375px）で表示をしたものです。まだ、CSSによる画像サイズの指定がないため、各画像がかなり大きな状態で表示されています。また、コピーライトの前に大きな空白がありますが、ここには大きなSNSアイコンが表示されています（アイコンの色が白のため背景と同化している）。

CSSでモバイル用の
スタイルを指定する

Lesson6
04
180 min

THEME
テーマ

HTMLのマークアップがひと通り終わったら、CSSでページのレイアウトや装飾を行っていきます。このサンプルはモバイルファーストで制作しますので、まずモバイル用のスタイル指定を行っていきましょう。

リセットCSSを読み込む

サンプルサイトのCSSファイルは、「css」フォルダの中に「style.css」というファイル名で作成し、HTMLにlink要素を記述して読み込みます。

ただし、その前にWebブラウザの初期スタイルをリセットするために、「リセットCSS」を読み込みます。リセットCSSはさまざまなものが公開されていますが、ここでは「HTML5 Reset Stylesheet | HTML5 Doctor」(http://html5doctor.com/html-5-reset-stylesheet/)で公開されているものを使用します。

✍ HTMLにlink要素を記述して「reset.css」を読み込みましょう。リセットCSSには「各種Webブラウザの初期状態を統一する」「各種Webブラウザがすべて同じルールで表示できるようになる」といったメリットがあります 図1。

POINT

リンクさせるファイルは読み込む順に書きます。Webブラウザの初期スタイルをリセットしてからサイトのスタイル指定を行っていきたいので、「reset.css」「style.css」の順に読み込みます。

図1 HTMLにCSSファイルのリンクを追記

```
<head>
<meta charset="UTF-8">
<title>初心者からちゃんとしたプロになる Webデザイン基礎入門</title>
<meta name="description" content="MdNコーポレーションの書籍「初心者からちゃんとしたプロになる Webデザイン基礎入門」の紹介をするホームページです。">
<meta name="format-detection" content="telephone=no">
<link rel="stylesheet" href="css/reset.css">
<link rel="stylesheet" href="css/style.css">
</head>
```

「reset.css」と「style.css」をリンクしました。

ビューポートの指定

モバイル端末の Web ブラウザでも Web ページが等倍で表示されるようにビューポートを指定します。ビューポートは head 要素内に meta 要素を使用して指定します 図2 ⭢。文字コードを指定している meta 要素の後に記述しましょう。

26ページ、**Lesson1-06**参照。

図2 ビューポートの指定

```
<meta name="viewport" content="width=device-width, initial-scale=1">
```

「width=device-width, initial-scale=1」は「表示領域の幅を端末の幅に合わせて、等倍で表示する」という意味になります。

ページや要素全体に適用するCSSを書く

「style.css」の1行目には文字化けを防ぐために文字コードを指定します 図3 。

次に、 ⚑HTMLの各要素に対して初期スタイルを設定します。全称セレクタ「*」で「box-sizing: border-box;」としているのは、パディング（内余白）やボーダー（境界線）などが width （横幅）に加算されなくなる指定です。通常は、要素のボックス全体の幅は width と左右の padding と左右の border の値を合わせたものとなりますが⭢、「box-sizing: border-box;」を指定することで width の値でボックスの幅を指定することができます（左右の padding と左右の border の値は、その値に含めてしまう）。そのことでレイアウトがしやすくなったり、レイアウト崩れが起きづらくなります。

さらに \<body\> 全体に対して、文字サイズ、行高、フォントファミリー、文字色、背景色を指定しました。

! POINT

各要素に対して一括でスタイルを指定して問題ないものは、CSSの冒頭でまとめて調整しておきます。最終的には、さらに細かくスタイルを調整していきますが、後から必要に応じてHTMLにclass属性を追記しながら、classセレクタで上書きしていくと効率的です。

WORD 全称セレクタ

「*（アスタリスク）」を記述することで、すべての要素を対象にスタイルを指定するセレクタを指す。

74ページ、**Lesson3-04**参照。

図3 全体の初期スタイルを設定

```css
@charset "utf-8";

/* 全体のスタイル調整 */
* {
  box-sizing: border-box;
}

/* body の初期スタイル調整 */
body {
  font-size: 16px;
  line-height: 1.5;
```

```css
  font-family: -apple-system,
BlinkMacSystemFont, "Helvetica Neue",
YuGothic, "ヒラギノ角ゴ ProN W3", "Hiragino
Kaku Gothic ProN", Arial, "メイリオ",
Meiryo, system-ui, sans-serif;
  color: #333;
  background-color: #fff;
}
```

ヘッダーおよび見出し関連のスタイルを指定

　\<body\>全体の初期スタイルを指定した後は、ヘッダーおよび見出し関連へのスタイルを指定します。

　h1要素、h2要素、h3要素には、margin-bottomの値をそれぞれ設定することで、見出しに続く要素との余白を調整しています**図4**。

　大見出しのメインビジュアルであるh1要素内のimgには「max-width: 100%;」として画像の最大幅を指定しています。画像がWebブラウザのウィンドウ幅からはみ出さないよう、ウィンドウ幅の100%で表示されるようにしたものです。

　また、h2要素、h3要素については見出しを中央寄せにするため「text-align: center;」を指定しています。

　さらに、h2要素内のimgには「height: 3rem;」で画像の高さを文字の3倍の高さに指定し、h3要素内の文字には「font-size: 1rem;」でWebブラウザの標準の文字サイズを指定しています⬤。

💭 memo

max-widthプロパティは幅の最大値を指定するプロパティです。値は数値にpxなどの単位をつけるか、親に対する割合を%で指定します。幅の最小値を指定するmin-widthプロパティもあります。

➡ 77ページ、**Lesson3-05**参照。

💭 memo

\<html\>タグにフォントサイズの指定がない場合は、ブラウザの初期値がremの基準となります。

図4 ヘッダーおよび見出し関連のスタイルを指定

```
/* ヘッダー部分のスタイル調整 */
h1 {
  margin-bottom: 24px;
}


h1 img {
  max-width: 100%;        画像の最大幅を指定
}


/* 見出し関連のスタイル調整 */
h2 {
  margin-bottom: 16px;
  text-align: center;
}


h2 img {
  height: 3rem;       画像の高さを文字の3倍の高さに指定
}


h3 {
  margin-bottom: 16px;
  text-align: center;
  font-size: 1rem;
}
```

「本書の特長」のスタイルを指定

「.feature」セレクタには、margin-bottom の値を設定することで、次のセクションとの余白を調整しています 図5 。

「.feature_01」セレクタと「.feature_02」セレクタには、width で 296px の幅を指定し、左右の margin に「auto」を設定することで、ボックスを中央寄せに設定しています。

また「.feature_img」セレクタには、margin-bottom の値を設定することで、画像と文章の間の余白を調整しています。さらに「.feature_img img」セレクタには、「max-width: 100%;」を指定することでボックスの幅いっぱいに画像が表示されるようにしています。

そして「.feature_text」セレクタには、「font-size: 0.75rem;」を設定することで、Web ブラウザの標準の文字サイズよりも少し小さな文字になるように指定しています。

図5 「本書の特長」のスタイルを指定

HTML

```
<section class="feature">
  <h2><img src="img/heading_01.svg" alt=" 本書の特長 "></h2>
  <section class="feature_01">
    <p class="feature_img"><img src="img/feature_01.png" alt=""></p>
    <h3>「自分のペースで勉強しやすい！」</h3>
    <p class="feature_text"> 本書では、各記事ごとに 15 分、30 分、60 分・・・など、学習時間の目安を設けています。ちょっとした空き時間に少しずつ勉強したり、難しめのパートは集中して取り組んだり、自分のペースで学習していくことができます。</p>
  </section>
  <section class="feature_02">
    <p class="feature_img"><img src="img/feature_02.png" alt=""></p>
    <h3>「技術と理論の両方を習得できる！」</h3>
    <p class="feature_text">1 冊の中で、手を動かして作ってみるパート（実践）と、読んで基本知識を身につけるパート（理論）の両方を交えています。HTML や CSS の書き方・使い方はもちろん、「なぜ、必要なのか」「どうして、そう書くのか」も習得できます。</p>
  </section>
  <p class="book-more"><a href="https://books.mdn.co.jp/books/3219203009/" target="_blank"> 出版社・本書紹介ページへ </a></p>
</section>
```

CSS

```
/* 「本書の特長」のスタイル調整 */
.feature {
  margin-bottom: 24px;
}

.feature_01,
.feature_02 {
  width: 296px;
  margin: 0 auto 24px;
}

.feature_img {
  margin-bottom: 16px;
}

.feature_img img {
  max-width: 100%;
}

.feature_text {
  font-size: 0.75rem;
}
```

書籍紹介ページへのリンクのスタイルを指定

「.book-more」セレクタには、「text-align: center;」を設定することで、「出版社の書籍紹介ページへのリンク」の文字を中央寄せにしています 図6。

　また「.book-more a」セレクタで「出版社の書籍紹介ページへのリンク」のスタイルを指定し、「.book-more a::after」セレクタで矢印アイコンを表示するためのスタイルを指定しています。

図6 「出版社の書籍紹介ページへのリンク」のスタイルを指定

```css
.book-more {
  text-align: center;
}


.book-more a {
  display: inline-block;
  padding: 8px 40px;
  border: 1px solid #333;
  border-radius: 8px;
  font-size: 0.75rem;
  color: #333;
  background-color: #fff;
  text-decoration: none;
}


.book-more a::after {
  display: inline-block;
  position: relative;
  content: "";
  width: 16px;
  height: 16px;
  top: 2px;
  left: 8px;
  background: url(../img/arrow.png) no-repeat right center;
}
```

「出版社の書籍紹介ページへのリンク」のスタイルを指定

矢印アイコンを表示するためのスタイルを指定

「本書の章構成」のスタイルを指定

「.contents-list」セレクタには、ボックスいっぱいに背景画像が表示されるスタイルなどを指定しています 図7 。

また「.contents-list ul」セレクタでは、半透明な背景を持った296px幅の目次のボックスに関するスタイルの指定をしています。

さらに「.contents-list ul li」セレクタには目次項目の下に点線をつけるなどのスタイルを指定し、「.contents-list ul li:last-child」セレクタには目次の一番下の項目のみ点線をつけないスタイルを指定しています。

図7 「本書の章構成」のスタイルを指定

```
/* 「本書の章構成」のスタイル調整 */
.contents-list {
  margin-bottom: 24px;
  background: url(../img/contents-list_bg.jpg) no-repeat
center center #fdd;
  background-size: cover;
  padding: 24px 0;
}

.contents-list ul {
  list-style: none;
  width: 296px;
  margin: 0 auto;
  padding: 8px 24px;
  font-size: 0.75rem;
  background-color: rgba(255,255,255,0.8);
}

.contents-list ul li {
  border-bottom: 1px dotted #000;
  padding: 10px 0;
}

.contents-list ul li:last-child {
  border-bottom: none;
}
```

ボックスいっぱいに背景画像が表示されるスタイルを指定

目次のボックスに関するスタイルを指定

目次項目の下に点線をつけるスタイルを指定

目次の一番下の項目のみ点線をつけないスタイルを指定

「本書の著者」のスタイルを指定

「.author」セレクタには、margin-bottomの値を設定することで、次のセクションとの余白を調整しています 図8 。

また「.author dl」セレクタにはwidthで296pxの幅を指定し、左右のmarginに「auto」を設定することで、ボックスを中央寄せに設定しています。

さらに「.author dl dt」セレクタでは著者名を太字にするスタイルや、著者名の下に罫線をつけるスタイルなどを指定し、「.author dl dd」セレクタでは著者の紹介文に関するスタイルを指定しています。

図8 「本書の著者」のスタイルを指定

```css
/* 「本書の著者」のスタイル調整 */
.author {
  margin-bottom: 24px;
}

.author dl {
  width: 296px;
  margin: 0 auto;
}

.author dl dt {
  font-weight: bold;        ── 著者名を太字にするスタイルを指定
  font-size: 1rem;
  margin-bottom: 8px;
  padding-bottom: 4px;
  border-bottom: 1px solid #000;  ── 著者名の下に罫線をつけるスタイルを指定
}

.author dl dd {
  margin-bottom: 16px;
  font-size: 0.75rem;
}
```

フッターの「書籍情報」のスタイルを指定

フッターの情報をレイアウトするために、さらにタグの箱が必要になります。書籍情報を囲む箱、さらにその書籍情報を中央に配置するための箱、そして SNS リンクやコピーライトを囲む箱を、それぞれ <div> タグでマークアップします 図9。さらに、それぞれの div 要素には class 属性で「book-info」「book-info-wrap」「footer-info」のクラス名をつけます。

図9　HTMLのフッターを調整

```
<footer>
  <div class="book-info">
    <div class="book-info-wrap">
      <p> 初心者からちゃんとしたプロになる <br>
      Web デザイン基礎入門 </p>
      <ul>
        <li> 発売日：2019-09-25</li>
        <li> 仕様：B5 変型判／ 336P</li>
        <li>ISBN：978-4-8443-6890-8</li>
      </ul>
    </div>
  </div>
  <div class="footer-info">
    <ul>
      <li><a href="https://www.facebook.com/mdnjp/" target="_blank">
<img src="img/facebook.svg" alt="Facebook"></a></li>
      <li><a href="https://twitter.com/MdN_WebBook" target="_blank">
<img src="img/twitter.svg" alt="Twitter"></a></li>
    </ul>
    <p class="copyright"><small>&copy; MdN Corporation.</small></p>
  </div>
</footer>
```

「.book-info」セレクタには、♪「height: 60vh;」を設定することで、ボックスの高さをビューポートの高さの60%に指定しています。その他にも、背景画像の設定や入れ子になっているボックスを中央に配置するための設定を行っています（次ページ 図10 ）。

また「.book-info-wrap」セレクタには幅やパディング（内余白）を指定し、「background-color: rgba(255,255,255,0.8);」を設定することで、ボックスの背景色を不透明度80%の白で表示するように指定しています。さらに「.book-info-wrap p」セレクタには下マージンや文字の太さ・サイズを指定し、「.book-info ul」セレクタにはリストマークの非表示や文字サイズを指定しています。

POINT

単位「vh」は、ビューポートの高さを「100vh」とした値を設定することができる単位です。ここでは「60vh」という値を指定していますが、「60vh/100vh」でビューポートの高さの60%の高さを意味することになります。

図10 フッターの「書籍情報」のスタイルを指定

```
/* フッター部分のスタイル調整 */
.book-info {
  height: 60vh;
  background: url(../img/footer_bg.jpg)
no-repeat center center #fdd;
  background-size: cover;
  display: flex;
  justify-content: center;
  align-items: center;
}

.book-info-wrap {
  width: 296px;
  padding: 16px;
  background-color: rgba(255,255,255,0.8);
}

.book-info-wrap p {
  margin-bottom: 16px;
  font-weight: bold;
  font-size: 1rem;
}

.book-info ul {
  list-style: none;
  font-size: 0.75rem;
}
```

- ボックスの高さをビューポートの高さの60%に指定
- ボックスの背景いっぱいに背景画像を表示
- 入れ子になっているボックス（.book-info-wrap）をボックス中央に配置
- ボックスの背景色を不透明度80%の白で表示

SNSリンクやコピーライトのスタイルを指定

「.footer-info」セレクタにはパディング（内余白）や文字色、背景色を指定しています図11。

「.footer-info ul」セレクタには下マージンやリストマークの非表示を指定し、各SNSアイコンが横並びに中央寄せで表示されるようにスタイルを指定しています。また「.footer-info ul li」セレクタにはSNSアイコン同士の間隔を左右のmarginで指定しています。そして「.footer-info ul li img」セレクタにはSNSアイコンの画像サイズを指定しています。

さらに「.copyright」セレクタには文字を中央寄せに指定し、文字のサイズを指定しています。

そして、ここまでのスタイル指定が行えれば、モバイル用のWebデザインの完成です図12。

図11　SNSリンクやコピーライトのスタイルを指定

```css
.footer-info {
  padding: 32px 0;
  color: #fff;
  background-color: #000;
}

.footer-info ul {
  margin-bottom: 24px;
  list-style: none;
  display: flex;
  justify-content: center;
}

.footer-info ul li {
  margin: 0 8px;
}

.footer-info ul li img {
  width: 24px;
  height: 24px;
}

.copyright {
  text-align: center;
  font-size: 0.75rem;
}
```

各SNSアイコンを横並びにして中央寄せて表示

SNSアイコン同士の間隔を指定

図12　表示幅768px未満（モバイル用）の完成デザイン

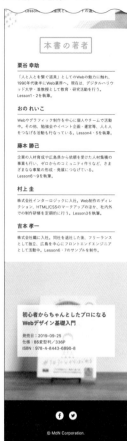

CSSでPC用のスタイルを指定する

モバイル用のスタイル指定が終わったら、続けてPC用のスタイル指定を行います。PC用のスタイル指定が完了したら、レスポンシブWebデザインのページの完成です。

ヘッダーおよび見出し関連のスタイルの上書き

ここからは、モバイル用のCSSをPC用のCSSで上書きすることで、レスポンシブWebデザインのページにしていきます。スタイルの上書きはメディアクエリにより実装していきます。

27ページ、**Lesson1-06**参照。

レスポンシブWebデザインでレイアウトを切り替える際には、どの程度の画面幅になったら切り替えるのかを決める必要があります。このスタイルを切り替える画面幅が「ブレイクポイント」です。ここでは、PC用のスタイルに上書きするためのCSSを書いていきますが、「スマートフォンや小さめの画面を持ったタブレットの画面幅」と「広めの画面を持ったタブレットやPCの画面幅」のブレイクポイントとして採用されることの多い「768px」を指定します 図1。

27ページ、**Lesson1-06**参照。

図1 ブレイクポイントの指定

```
@media screen and (min-width: 768px) { ここに画面幅 768px 以上の CSS を記述 }
```

上記のメディアクエリを使用して、PC用のスタイルを指定していきます。 メディアクエリの書き方には、セレクタごとに書く方法、CSSファイルの下部にまとめて書く方法、セクションごとに書く方法などがあります。ここでは、セクションごとに書く方法を採用します。ご自身で書く場合には、好みの方法を選ぶとよいでしょう。

では、まずヘッダーのスタイルの上書きを行いましょう。モバイル用のスタイルを指定している箇所に続けて、PC用のスタイルを指定します 図2。

h1要素には、border-topを設定することで、ページ上部にオレ

ンジ色の帯のあしらいが表示されるように指定しています。その他にも、下マージンを広くするための設定やオレンジ帯とメインビジュアルの間の余白の設定、メインビジュアルを中央寄せにするための設定を行っています。

✏️ h1要素内のimg（メインビジュアル）には、「width: 960px;」を設定することで960px幅で固定されるように指定しています 図3 。

POINT

768px以上の画面幅に適用されるスタイルで「width: 960px;」と指定をすると、画面幅が960px未満の際に横スクロールが出てしまうように思うかもしれません。しかし、実際にはそのような場合にも横スクロールが出ることはありません。これはもともとメインビジュアルに指定している「max-width: 100%;」が適用されるからです。

図2　ヘッダーのスタイルの上書き

```
@media screen and (min-width: 768px) {
  h1 {
    border-top: 16px solid #fa982d;        ページ上部にオレンジ色の
                                           帯のあしらいを表示する指定
    margin-bottom: 40px;
    padding-top: 40px;                     オレンジ帯とメインビジュ
                                           アルの間の余白を指定
    text-align: center;
  }                                        メインビジュアルを中央寄せにする指定

  h1 img {
    width: 960px;                          メインビジュアルを 960px 幅て固定
  }
}
```

図3　モバイル用とPC用のヘッダーのデザイン

モバイル用のヘッダーのデザイン

PC用のヘッダーのデザイン

次に見出し関連のスタイルの上書きを行いましょう 図4 。h2要素には、下マージンを広くする設定を行っています。また、h2要素内のimg（見出し画像）には、「height: 4rem;」を設定することで、画像の高さを文字の4倍の高さに指定しています。

そしてh3要素には、下マージンを広くするための設定や文字サイズを大きくする設定を行っています。

図4 見出し関連のスタイルの上書き

```
@media screen and (min-width: 768px) {
  h2 {
    margin-bottom: 32px;
  }

  h2 img {
    height: 4rem;  ─── 画像の高さを文字の4倍の高さに指定
  }

  h3 {
    margin-bottom: 24px;
    font-size: 1.25rem;
  }
}
```

「本書の特長」のスタイルの上書き

次に「本書の特長」のスタイルの上書きを行いましょう。PC用のデザインでは、2つの特長を2段組で表示します。ただし、現状のHTMLではレイアウトしづらいので、HTMLを調整します。2つの特長のセクションを囲む箱を作るために <div> タグでマークアップします。div要素にはclass属性で「feature-wrap」のクラス名をつけます 図5 。

図5 「本書の特長」のHTMLを調整

```
<section class="feature">
    <h2><img src="img/heading_01.svg" alt=" 本書の特長 "></h2>
    <div class="feature-wrap">
        <section class="feature_01">
            <p class="feature_img"><img src="img/feature_01.png" alt=""></p>
            <h3>「自分のペースで勉強しやすい！」</h3>
            <p class="feature_text"> 本書では、各記事ごとに 15 分、30 分、60 分・・・など、
学習時間の目安を設けています。ちょっとした空き時間に少しずつ勉強したり、難しめのパートは集中して
取り組んだり、自分のペースで学習していくことができます。</p>
        </section>
        <section class="feature_02">
            <p class="feature_img"><img src="img/feature_02.png" alt=""></p>
            <h3>「技術と理論の両方を習得できる！」</h3>
            <p class="feature_text">1 冊の中で、手を動かして作ってみるパート（実践）と、読
んで基本知識を身につけるパート（理論）の両方を交えています。HTML や CSS の書き方・使い方はもちろん、
「なぜ、必要なのか」「どうして、そう書くのか」も習得できます。</p>
        </section>
    </div>
    <p class="book-more"><a href="https://books.mdn.co.jp/
books/3219203009/" target="_blank"> 出版社・本書紹介ページへ </a></p>
</section>
```

　次に「本書の特長」のPC用のスタイルを指定します（次ページ
図6 ）。

「.feature」セレクタでは、下マージンを広くする設定を行ってい
ます。

「.feature-wrap」セレクタでは、2つの特長を2段組にして中央寄
せにするための設定を行っています。

「.feature_01」セレクタと「.feature_02」セレクタでは、ボックス
の幅を344pxに固定し、モバイル用のマージンをリセットしてい
ます。

「.feature_img」セレクタと「.feature_text」セレクタでは、下マー
ジンを広げて、文字サイズを大きく設定しています。

「.book-more a」セレクタでは、「出版社の書籍紹介ページへのリ
ンク」のパディング（内余白）を広く、文字サイズを大きく設定し
ています。また、「.book-more a:hover」セレクタでは「出版社の書
籍紹介ページへのリンク」へマウスオーバーした際に背景色を不
透明度20%の黒色にする設定を行っています **図7** 。

図6 「本書の特長」のスタイルの上書き

```
@media screen and (min-width: 768px) {
  .feature {
    margin-bottom: 80px;
  }

  .feature-wrap {
    width: 768px;
    margin: 0 auto 40px;
    display: flex;
    justify-content: space-around;
  }

  .feature_01,
  .feature_02 {
    width: 344px;
    margin: 0;
  }

  .feature_img {
    margin-bottom: 24px;
  }

  .feature_text {
    font-size: 1rem;
  }

  .book-more a {
    padding: 16px 96px;
    font-size: 1rem;
  }

  .book-more a:hover {
    background-color: rgba(0,0,0,0.2);
  }
}
```

2つの特長を2段組にして中央寄せになるように指定

モバイル用に設定されていたマージンをリセット

「出版社の書籍紹介ページへのリンク」へマウスオーバーした際に背景色を不透明度20%の黒に指定

図7 モバイル用とPC用の「本書の特長」のデザイン

モバイル用の「本書の特長」のデザイン

PC用の「本書の特長」のデザイン

「本書の章構成」のスタイルの上書き

　次に「本書の章構成」のスタイルの上書きを行いましょう 図8 。
「.contents-list」セレクタでは、下マージンと、上下のパディング
を広くする設定を行っています。

　「.contents-list ul」セレクタでは、目次のボックスの幅を拡げて
文字サイズを大きくしています 図9 。

図8 「本書の章構成」のスタイルの上書き

```css
@media screen and (min-width: 768px) {
  .contents-list {
    margin-bottom: 80px;
    padding: 32px 0;
  }

  .contents-list ul {
    width: 640px;
    font-size: 1rem;
  }
}
```

目次のボックスの幅を拡げて文字
サイズを大きくするように指定

図9 モバイル用とPC用の「本書の章構成」のデザイン

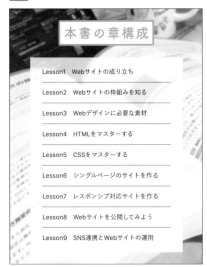

モバイル用の「本書の章構成」のデザイン

PC用の「本書の章構成」のデザイン

「本書の著者」のスタイルの上書き

次に「本書の著者」のスタイルの上書きを行いましょう 図10。

「.author」セレクタでは、下マージンを広くする設定を行っています。

「.author dl」セレクタでは、「本書の著者」の表示幅を拡げる指定を行っています。

また、「.author dl dt」セレクタでは、著者名周りの余白を調整し、文字サイズを大きく設定しています。

同様に「.author dl dd」セレクタでも、著者の紹介文周りの余白を調整して文字サイズを大きく設定しています 図11。

図10 「本書の著者」のスタイルの上書き

```
@media screen and (min-width: 768px) {
  .author {
    margin-bottom: 80px;
  }

  .author dl {
    width: 680px;      「本書の著者」の表示幅を拡げる指定
  }

  .author dl dt {
    margin-bottom: 16px;
    padding-bottom: 8px;
    font-size: 1.25rem;
  }

  .author dl dd {
    margin-bottom: 40px;
    font-size: 1rem;
  }
}
```

図11 モバイル用とPC用の「本書の著者」のデザイン

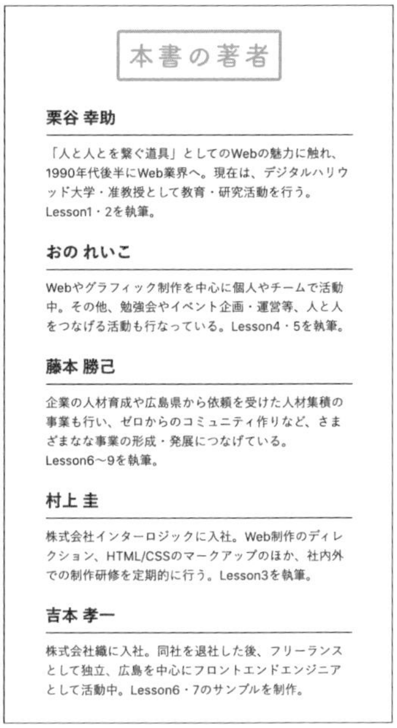

モバイル用の「本書の著者」のデザイン

PC用の「本書の著者」のデザイン

フッターのスタイルの上書き

　次に、フッターのスタイルの上書きを行いましょう（次ページ 図12 ）。

「.book-info」セレクタでは、背景画像のある書籍情報の領域（高さ）を拡げる設定を行っています。

「.book-info-wrap」セレクタでは、中央に配置されている書籍情報のボックスの幅を拡げる設定を行い、「.book-info-wrap p」セレクタで書籍名周りの余白を調整して文字サイズを大きく設定しています。

　また、「.book-info ul」セレクタでは、発売日などの情報の文字サイズを大きく設定し、「.book-info ul li」セレクタで、発売日などの情報を横並びにする設定を行っています。

「.footer-info」では、SNSリンクとコピーライトを横並びにする設定などを行っています。また、「.footer-info ul」セレクタや「.footer-info ul li」セレクタで余白を調整し、「.footer-info ul li img」セレクタでSNSアイコンを大きくする設定を行っています。

　さらに「.copyright」セレクタでは、文字サイズを大きくする設定を行っています。

　そして、ここまでのスタイル指定が行えれば、PC用のWebデザインの完成です 図13 。

図12 フッターのスタイルの上書き

```
@media screen and (min-width: 768px) {
  .book-info {
    height: 80vh;
  }

  .book-info-wrap {
    width: 680px;
    padding: 32px;
  }

  .book-info-wrap p {
    margin: 0 0 32px;
    font-size: 2rem;
  }

  .book-info ul {
    font-size: 1rem;
  }

  .book-info ul li {
    display: inline-block;
    margin-right: 16px;
  }
```

背景画像のある書籍情報の領域を拡げる指定

発売日などの情報を横並びにする指定

```
  .footer-info {
    padding: 32px 0 40px;
    display: flex;
    justify-content: space-around;
    align-items: center;
  }

  .footer-info ul {
    margin: 0;
  }

  .footer-info ul li {
    margin: 0 16px;
  }

  .footer-info ul li img {
    width: 40px;
    height: 40px;
  }

  .copyright {
    font-size: 1rem;
  }
}
```

SNSリンクとコピーライトを横並びにする指定

図13 モバイル用とPC用のフッターのデザイン

モバイル用のフッターのデザイン

PC用のフッターのデザイン

PC用のスタイルの最終調整

　最後に、PC用のスタイルの調整を行います。

　ここまで設定したPC用スタイルの表示を確認すると、iPadな
どの768pxの画面幅で表示した場合に、メインビジュアルは画面
幅いっぱいに表示されているのですが、ページ上部のオレンジの
帯とメインビジュアルの間には余白が空いてしまっています 図14 。
これではデザイン的にバランスが悪いので、メインビジュアルの
左右に余白が生まれるくらいの画面幅になるまではメインビジュ
アルの上にある余白はなしにしたいと思います。

　まず、ヘッダーのスタイルを指定している箇所の、ブレイクポ
イントが768pxのメディアクエリから、padding-top を削除しま
す（次ページ 図15 ）。そして、ブレイクポイントが992pxのメディ
アクエリを用意し、h1 要素への padding-top の指定を記述します。
こうすることで、画面幅が992px以上になってメインビジュアル
の左右に余白が生まれたあたりからメインビジュアルの上にも余
白が空くようになります。

　これで、レスポンシブWebデザインのページが完成しました
図16 。

図14 iPadなどの768pxの画面幅で表示した場合のメインビジュアルの上の余白

iPadなどの768pxの画面幅で表示した場合。メインビジュアルは画面幅いっぱいに
表示されていますが、ページ上部のオレンジの帯とメインビジュアルの間には余白
が空いてしまっています。

図15 表示幅768px以上（PC用）の完成デザイン

```
@media screen and (min-width: 768px) {
  h1 {
    border-top: 16px solid #fa982d;
    margin-bottom: 40px;
    padding-top: 40px;            padding-top を削除
    text-align: center;
  }

  h1 img {
    width: 960px;
  }
}

@media screen and (min-width: 992px) {
  h1 {
    padding-top: 40px;
  }
}
```

ブレイクポイントが 992px のメディアクエリを用意し、h1 要素への padding-top の指定を記述

図16 表示幅768px以上（PC用）の完成デザイン

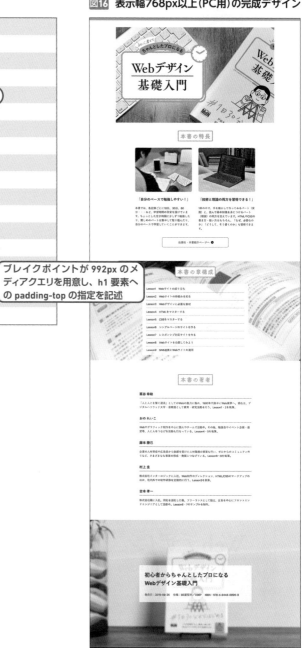

Flexboxを使ったサイトを作る

モバイルファーストで設計したシングルページのWebサイトを作ってみます。Flexboxを使ったカラムレイアウトや、PC表示のレイアウトだけHTMLの記述順とは逆に配置する手法を見ていきましょう。

読む 　 練習 　 制作

Lesson7 01 完成形と全体構造を確認しよう

THEME テーマ

レスポンシブWebデザインの手法で、**Lesson6**よりも少し難易度の高いシングルページのサイトを作成してみましょう。表示幅の変化に応じて、ナビゲーションの形状や段組みのレイアウトが変わる作りを取り入れています。

完成形とブレイクポイントの確認

Lesson 7 ではサンプルサイトとして、レンタルスペースのシングルページのWebサイトを作成してみます。

このサンプルサイトはレスポンシブWebデザインに対応するものです。ブラウザの表示幅768pxをブレイクポイントに設定し、CSSを モバイル用とPC用の2つに分けて制作していきます。

CSSでスタイルを指定するポイントは次のようになります。

- ブレイクポイントを768pxに設定する
- メディアクエリーを使って、モバイルファーストで記述する
- 768px以上の場合は、PC・タブレット表示用のスタイルで設定を上書きする

> **! POINT**
>
> スマートフォン、タブレット、デスクトップなど、ブレイクポイントの数が増えるとCSSでの記述項目も多くなります。今回は、レイアウトの切り替えを分かりやすく説明するためにブレイクポイントを1つ、デバイスをモバイルとPCの2つに設定しています。

サンプルサイトの仕様

サンプルサイトでは、レンタルスペースのサービス情報をレイアウトしながら、次の機能の実装方法を学習していきます。

- ヘッダー（ナビゲーション）を上部に固定する
- モバイルでの閲覧時にハンバーガーメニューを表示する
- flexboxでアイテムをレイアウトする
- メディアクエリーでレイアウトを変更する
- Google Webフォントを利用する
- Googleマップを表示する
- 疑似クラス、疑似要素でスタイルを設定する

サンプルサイトのレイアウト構成

　サンプルサイトのタイトルは「rental space MdN」です。内容はレンタルスペース（会議室）の紹介ページになります。ページを構成しているコンテンツは次の通りです 図1 図2 。

図1 表示幅768px未満（モバイル用）の完成イメージ

ヘッダー
（サイトロゴ・ナビゲーション）

メインビジュアル（タイトル・予約ボタン）

レンタルスペースの紹介

サービスの案内

プランの案内

アクセス情報（Googleマップ）

ページトップに戻る

フッター（サイトロゴ・電話番号）

図2 表示幅768px以上（PC用）での表示の変化

ヘッダー（サイトロゴ・ナビゲーション）
ナビゲーションがハンバーガーメニューから横並びになる

メインビジュアル（タイトル・予約ボタン）

レンタルスペースの紹介
文章と写真が横並びに変わる

サービスの案内
左右に4つ並ぶレイアウトに変わる

プランの案内
左右3つ並ぶレイアウトに変わる

アクセス情報（Googleマップ）
文章と写真が横並びに変わる

ページトップに戻る

フッター（サイトロゴ・電話番号）

Lesson7 02 HTMLでページの大枠をマークアップする

THEME テーマ

ここからHTMLのマークアップに入ります。マークアップの進め方にはいろいろな方法がありますが、ここではコーディングを効率よく行うために、まずページの骨組みとなる大枠をマークアップし、全体の構造を作っていきます。

サンプルのフォルダ構造の確認

　コーディングを始める前の下準備として、作業用のサイトフォルダ（ディレクトリ）を作成します。ページを表示する際に必要なHTMLファイル、CSSファイル、画像ファイルは必ず1つのフォルダの中に格納してからマークアップをはじめていきましょう⊕。
　Lesson7のサンプルサイトのフォルダ構造は **図1** のようになっています。

図1 サンプルサイトのフォルダ構造

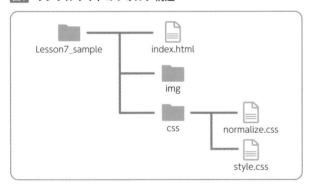

ページ構造の確認とマークアップ

　サイトフォルダにindex.htmlを作成します。
　図2 は前節で確認した完成イメージのレイアウトをベースに、ページの大枠をどんなタグを使ってマークアップしていくかのページ構造を示したものです。このページ構造図を参照しながら、index.htmlにページ全体の大枠をマークアップしていきます。

 POINT

コーディングに入る前に、デザインやワイヤーフレームをもとにして、ブロック分けやマークアップするHTMLタグをあらかじめ決めておくと、短時間でコーディング作業を行うことができます。

図2 サンプルサイトの構造図（HTMLの大枠）

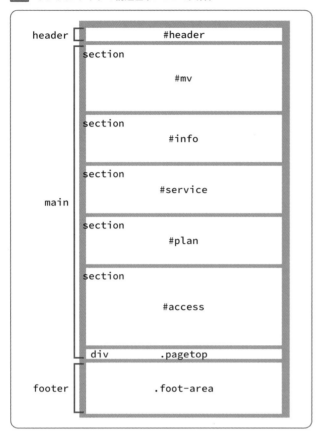

<head>要素の編集

このサンプルサイトは、レスポンシブ対応になりますので、
<head>内に <meta name="viewport" content="width=device-width,
initial-scale=1"> を記述します◯。これでデバイスの幅に合わせた
表示切り替えが可能になります。

26ページ、**Lesson1-06**参照。

図3 <head>内の記述例

```
<head>
  <meta charset="UTF-8">
  <!-- レスポンシブ対応するための記述 -->
  <meta name="viewport" content="width=device-width,
initial-scale=1">
  <!-- 電話番号の自動リンクを無効にする -->
  <meta name="format-detection" content="telephone=no">
  <title>rental space MdN</title>
  <meta name="description" content=" レンタルスペース MdN の
公式ホームページです。">
```

レスポンシブ対応するための記述

電話番号の自動リンクを無効にする

```
   <link href="https://fonts.googleapis.com/css?family=N
oto+Sans+JP:400,700|Open+Sans:400,700&display=swap"
rel="stylesheet">
   <link rel="stylesheet" href="css/normalize.css">
   <link rel="stylesheet" href="css/style.css">
</head>
```

Google フォントを読み込む

大枠のブロックを作成する

　次に、<body> 〜 </body> 内に ✎ ページの大枠となるタグを記述します。図2 の構造図にあるように、大枠の骨組みとなる <header>、<main>、<section> を5つ、<footer> を記述します。

　また、ナビゲーションメニューからページ内リンクを設定するため、各 <section> にはあらかじめ id 名をつけておきます 図4。

POINT

コーディングの方法にはさまざまな進め方がありますが、このサンプルサイトでは、大枠のコーディングからスタートしています。別の方法としては、はじめにテキスト原稿をすべてHTMLファイル内に挿入してマークアップをしながらブロックを形成していく場合などもあります。

図4　大枠のブロック作成（HTML）

```
<body>
   <header>                    ← ヘッダー（サイトロゴ・
   </header>                      ナビゲーション）

   <main>
      <section id="mv">        ← メインビジュアル
      </section>

      <section id="info">      ← レンタルスペースの紹介
      </section>

      <section id="service">   ← サービスの案内
      </section>

      <section id="plan">      ← プランの案内
      </section>

      <section id="access">    ← アクセス情報
      </section>

      <div class="pagetop">    ← ページトップに戻る
      </div>
   </main>

   <footer>                    ← フッター（サイトロゴ・
   </footer>                      電話番号）

</body>
```

Lesson7 03 ページの大枠の スタイルを設定する

 THEME テーマ ここからは、大枠のブロックごとに、HTMLのマークアップとCSSのスタイリングを並行して進めていきます。まず、HTMLファイルにCSSを読み込み、CSSファイルに初期設定と共通設定の記述をしていく流れです。

CSSの下準備

サンプルサイトでは、**クロスブラウザ対応として**「normalize. css」を利用します。また、このサンプル独自のスタイル指定はstyle.cssに記述していきます。

✍この2つのCSSとGoogle Fontsのリンクを、index.htmlの\<head> 〜 \</head> 内に \<link> タグを使って読み込みます**図1**。

Google Fonts は、Noto Sans JP の 400（regular） 700（bold）と Open Sans の 400（regular） 700（bold）を利用します⏺。

図1 Google Fontsとスタイルシートの読み込み

```
<link href="https://fonts.googleapis.com/css?family=
Noto+Sans+JP:400,700|Open+Sans:400,700&display=swap"
rel="stylesheet">
<link rel="stylesheet" href="css/normalize.css">
<link rel="stylesheet" href="css/style.css">
```

初期スタイルを記述する

ここからは、このサンプルサイト独自のスタイルを記述していきます。

まずは、ページ全体に共通する初期スタイルに関する記述からです。全体のレイアウト幅に関する ✍「box-sizing: border-box;」の指定をはじめ、body、見出し、リンク、画像などの初期スタイルを記述します **図2**。

WORD クロスブラウザ

どのブラウザでも同じ表示や動作を再現できる状態のこと。CSSの対応方法は複数あるが、「reset.css」「normalize.css」「reboot.css」などがよく利用されている。

! POINT

normalize.cssでブラウザでの表示を整えてから、サンプル独自のスタイルで設定を上書きしたり、追加したりします。そのために、\<head>内のリンクは、normalize.cssを先に読み込むように記述します。

23ページ、**Lesson1-05**参照。

! POINT

box-sizingプロパティの値をborder-boxに指定すると、ボックスのwidth（幅）やheight（高さ）がパディング（内余白）とボーダー（境界線）を含む扱いになります。ページ全体に対して「box-sizing: border-box;」を指定することで、ボックスの見た目と実際の数値が一致するためレイアウトやスタイリングを行いやすくなります。

図2 初期スタイルの記述部分

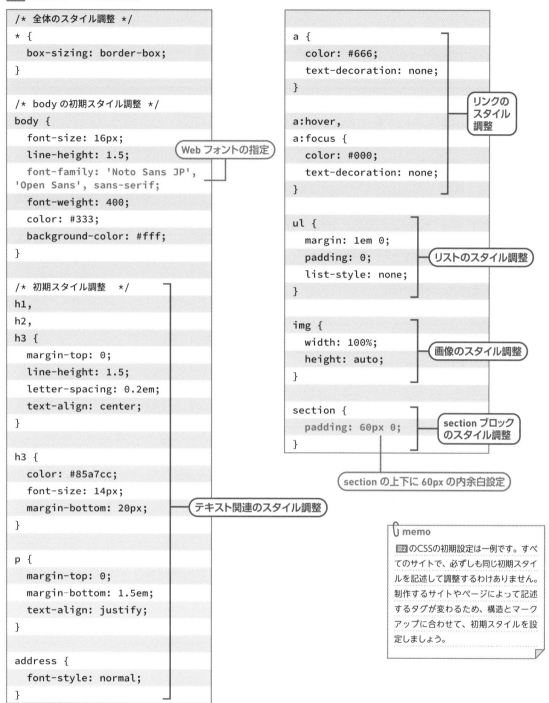

```
/*  全体のスタイル調整  */
* {
  box-sizing: border-box;
}

/*  body の初期スタイル調整  */
body {
  font-size: 16px;
  line-height: 1.5;
  font-family: 'Noto Sans JP',
'Open Sans', sans-serif;
  font-weight: 400;
  color: #333;
  background-color: #fff;
}

/*  初期スタイル調整   */
h1,
h2,
h3 {
  margin-top: 0;
  line-height: 1.5;
  letter-spacing: 0.2em;
  text-align: center;
}

h3 {
  color: #85a7cc;
  font-size: 14px;
  margin-bottom: 20px;
}

p {
  margin-top: 0;
  margin-bottom: 1.5em;
  text-align: justify;
}

address {
  font-style: normal;
}
```

Web フォントの指定

テキスト関連のスタイル調整

```
a {
  color: #666;
  text-decoration: none;
}

a:hover,
a:focus {
  color: #000;
  text-decoration: none;
}

ul {
  margin: 1em 0;
  padding: 0;
  list-style: none;
}

img {
  width: 100%;
  height: auto;
}

section {
  padding: 60px 0;
}
```

リンクの
スタイル
調整

リストのスタイル調整

画像のスタイル調整

section ブロック
のスタイル調整

section の上下に 60px の内余白設定

> **memo**
> 図2のCSSの初期設定は一例です。すべ
> てのサイトで、必ずしも同じ初期スタイ
> ルを記述して調整するわけありません。
> 制作するサイトやページによって記述
> するタグが変わるため、構造とマーク
> アップに合わせて、初期スタイルを設
> 定しましょう。

共通スタイルを記述する

　次に繰り返し指定することがある独自スタイルを記述していきます。各スタイルの内容を詳しく見ていきます。

h2 関連

　<h2>の見出しはテキストと「◆」で構成されています 図3 。
「◆」は 🖊 HTML内にテキストとして記述するのではなくCSSで表現しており、疑似要素の「::before」を使ってテキストの背面に配置しています 図4 。
　「.h2-title」では、テキストを基準に配置するために「position」を「relative」にします。「.h2-title::before」では、疑似要素を使い「position」を「absolute」にして中央に配置しています。

！ POINT

見出しなどの先頭にマークをつけたいとき、テキストそのものに「◆」などの意味のない記号を入れるのは、HTMLの文書構上、本来推奨されません。疑似要素を利用することで、HTMLの文書構造はそのまま、CSSだけで装飾や補足的な情報を追加することができます。

📝 memo

疑似要素は、タグの内側に要素には含まれていない情報を加えたり、要素の一部だけにスタイルを適用したりする際に使うものです。::before疑似要素は、対象となる要素の先頭に記号などを追加できます。

図3 最終的な表示イメージとHTML

表示イメージ

SERVICE
サービス

HTML

```
<h2 class="h2-title">Service</h2>
<h3> サービス </h3>
```

図4 h2の構成とCSS

表示イメージ

SERVICE
サービス

表示イメージ

サービス

CSS

```
/* h2 への指定 */
.h2-title {
  position: relative;
  text-transform: uppercase;
  z-index: 100;        ── ◆より手前に指定
}
```

CSS

```
/* 疑似要素を使った◆の指定 */
.h2-title::before {
  content: "";
  display: block;
  width: 40px;
  height: 40px;
  background: #a5d1ff;
  position: absolute;   ── 絶対値で中央に合わせる
  left: 50%;
  margin-left: -20px;
  transform: rotate(45deg);  ── ■を45度回転して◆にする
  z-index: -100;        ── H2 の後ろ（奥）に設定
}
```

text関連

ここでは、よく使用するテキストの行揃え（中央揃え）と太文字の指定をしています 図5。

図5 text関連の指定

```
.txt-center {
  text-align: center;        ── 中央揃えのスタイル
}


.txt-lead {
  font-weight: 700;          ── テキストの太さを指定
}
```

button関連

続いて、ページ内に出てくる\<button\>のスタイル指定を行います。サンプルサイトでは、ボタンデザインは「web予約はこちら」の1つだけとなりますが、複数のボタンデザインに対応できるように「.btn」に\<button\>の共通スタイルを指定し、「.btn-reserve」に「web予約はこちら」のスタイルを指定しています 図6。

図6 button関連の指定

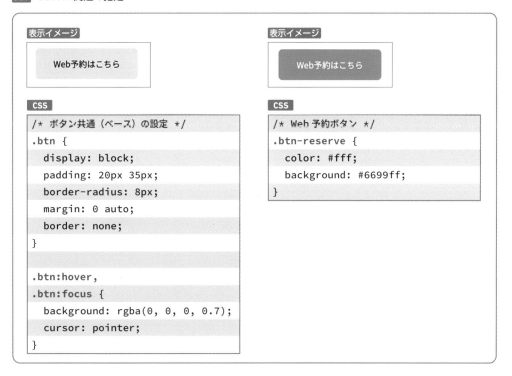

表示イメージ

Web予約はこちら

CSS

```
/* ボタン共通（ベース）の設定 */
.btn {
  display: block;
  padding: 20px 35px;
  border-radius: 8px;
  margin: 0 auto;
  border: none;
}


.btn:hover,
.btn:focus {
  background: rgba(0, 0, 0, 0.7);
  cursor: pointer;
}
```

表示イメージ

Web予約はこちら

CSS

```
/* Web予約ボタン */
.btn-reserve {
  color: #fff;
  background: #6699ff;
}
```

レイアウト関連

レイアウト関連のスタイルとしては、classセレクタを使って次の3つのスタイルを指定します **図7**。

- ○ .inner：各ブロックの左右の余白を指定
- ○ .sp-only：768px未満での表示・非表示を切り替える指定
- ○ .pc-only：768px以上での表示・非表示を切り替える指定

図7 レイアウト関連の指定

```
/* コンテンツを格納するスタイル */
.inner {
  padding: 0 15px;
  margin: 0 auto;
}


/* PC用のスタイル */
@media screen and (min-width:768px) {
  .inner {
    max-width: 1200px;      ← 最大幅を1200pxに指定
  }
}
/* モバイルとPCでの表示に関するスタイル */
.sp-only {
  display: block;      ← モバイルでは表示する
}
```

```
.pc-only {
  display: none;      ← モバイルでは非表示にする
}


/* PC用のスタイル */
@media screen and (min-width:768px) {
  .sp-only {
    display: none;      ← PCでは非表示にする
  }


  .pc-only {
    display: block;      ← PCでは表示する
  }
}
```

> **memo**
> 「.sp-only」と「.pc-only」については、ユーティリティ的な使用方法となります。サンプルサイトでは、レイアウトの切り替えや見出しなどの改行部分で使用しています。

これらのclassセレクタを具体的にどの部分に適用していくかは、次節以降で見ていきます。

Lesson7

04 ヘッダーを作り込む

THEME
テーマ

「ヘッダー」ブロックの作り込みを行います。**Lesson7**のサンプルでは、モバイル表示（幅768px未満）とPC表示（幅768px以上）でナビゲーションの形態が変化する使用のため、その実装方法も詳しく見ていきます。

ヘッダー作成時のポイント

　ヘッダーブロックは、「サイトロゴ」「ナビゲーション（メニュー）」の構成になります。**図1**が完成イメージです。

　作成時のポイントは、次の5つになります。

- 「サイトロゴ」はモバイルとPCで共有する。
- \<nav\> はモバイルとPCで別々にマークアップする。
- \<nav\> は CSS で表示の切り替えを行う。
- メニュー項目は、疑似要素「::first-line」を使ってスタイルを指定する。
- モバイル用のハンバーガーメニューを実装する。

! POINT

このサンプルではロゴ画像を、PNGやJPGではなくSVG形式にして、さまざまなデバイスの表示サイズに対応できるようにしています。SVGついては16ページ、Lesson1-02参照。

図1 ヘッダーの完成イメージ

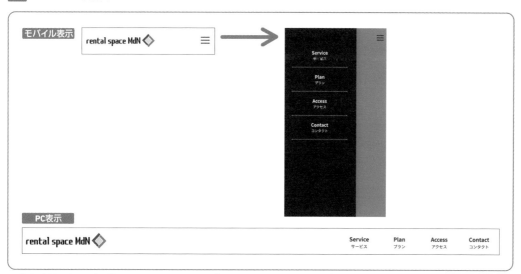

モバイル表示ではハンバーガーメニューになっており、ボタンクリックでメニュー項目が開閉します。
PC表示（幅768px以上）になると、メニューが横並びに切り替わります。

ヘッダーのHTMLの構造

「ヘッダー」のHTMLと構造は 図2 図3 のようになります。モバイル表示とPC表示でナビゲーションの形態が大幅に変わるため、それぞれのHTMLを別々に記述していきます。

通常は、1つのHTML（\<nav>部分）に対して、CSSでモバイル用とPC用のレイアウトを変更していくのですが、今回はモバイル用のハンバーガーメニューの構造が複雑なため、\<nav>をそれぞれの形式でマークアップし、class名「sp-only」と「pc-only」で、より簡単に表示が切り替わるようにしています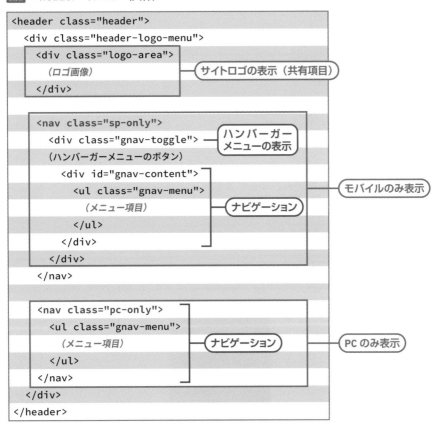。

220ページ、**Lesson7-03**参照。

図2 \<header>のHTML（大枠）

図3　ヘッダーのHTMLの構造

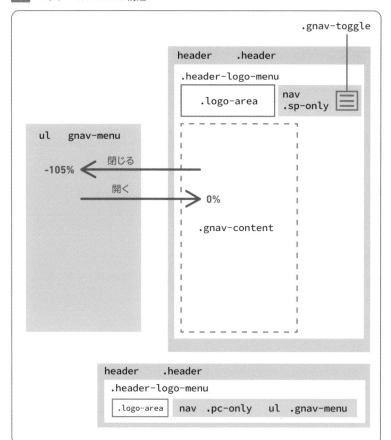

memo
モバイル用のメニューについて、通常時は、画面左外側の見えない位置にあり、ハンバーガー部分がタップ（チェック）された際に左からスライドして表示される仕様です。CSSでは、transforms: translateXで-105%と0%の指定で表現しています。

ヘッダーブロック全体のCSS

<header>に付与する「class="header"」を使って、ヘッダーブロック全体のスタイルを指定しています **図4** **図5** 。

図4　ロゴとナビゲーションの構造

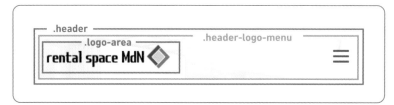

図5 モバイル用のCSS

```
/* header のスタイル */
.header {
  position: fixed;
  top: 0px;
  width: 100%;
  padding: 10px;
  background: rgba(255, 255, 255, 0.9);
  z-index: 200;
}

/* サイトロゴとナビゲーションの並び */
.header-logo-menu {
  display: flex;
  flex-direction: row;
  justify-content: space-between;
}

/* サイトロゴの表示 */
.logo-area {
  width: 200px;
  margin: 0;
  text-align: left;
}
```

ページ上部に固定

背景を半透明にする

スクロール時に他のコンテンツよりも上に表示する

ロゴを左寄せ、<nav> を右寄せ

memo
レイアウトには、floatよりも柔軟なレイアウトができるflexboxを使用しています。レスポンシブ対応において、モバイル用の縦並びからPC用の横並びへのレイアウト変更などが少ないコードで簡単に指定できます。

memo
z-indexは、0を基準として要素の重なり順を指定します。指定しない場合は、後に記述されたコードが上にきます。
100、200、1000など大きな数値を指定するのは、制作途中で間にz-indexが必要になった際に指定できるようにするためです。z-indexを1、2、3と順番に指定すると後から間に挿入できず、数値指定のやり直しが必要になってしまいます。

ページを下にスクロールした際、ヘッダーをページの上部に固定したいので「position: fixed;」とし、「z-index: 200;」で常に一番手前に配置されるようにしています。

また、少し透けた半透明のイメージにするために「rgba」で背景色を指定しています◯。

サイトロゴ（<div class="logo-area">）とナビゲーション（<nav>）を囲んでいる<div class="header-logo-menu">を「flexbox」にして、サイトロゴとナビゲーションが横並びになるようにしています。

➡ 119ページ、**Lesson4-04**のPOINT参照。

ハンバーガーメニューを実装する

次に、ハンバーガーメニューのCSSを見ていきます 図6 図7 。

<div class="gnav-toggle"> 〜 </div> がハンバーガーのエリアになり、 ! <input> と <label> で表現をしています。要点をまとめると次のようになります。

- <input> の type 属性値を「checkbox」とし、チェックが入ると「gnav-content」を表示。
- 「checkbox」はCSSで非表示にし、<label>の<span>でハンバーガーを再現。
- ナビゲーション以外の部分をタップするとチェックが外れて「gnav-content」が隠れる。

! POINT

<input> タグの type 属性値を「checkbox」と指定すると、チェックボックスが表示されます。<label>タグはフォーム部品である<input>の項目名や選択肢を示すものです。詳しくは134ページ、**Lesson4-10**参照。

memo

ハンバーガーメニューは、下記のコードを参考にしています。
- ルイログ
  https://rui-log.com/css-hamburger-menu/

図6　ハンバーガーメニューのHTML

```
<nav class="sp-only">
  <div class="gnav-toggle">
    <input id="gnav-input" type="checkbox" class="gnav-hidden">
    <label id="gnav-open" for="gnav-input"><span></span></label>
    <label class="gnav-unshown" id="gnav-close" for="gnav-input"></label>
    <div id="gnav-content">
      <ul class="gnav-menu">
        <li class="gnav-item">
          <a href="#service">Service<br> サービス </a>
        </li>
        <li class="gnav-item">
          <a href="#plan">Plan<br> プラン </a>
        </li>
        <li class="gnav-item">
          <a href="#access">Access<br> アクセス </a>
        </li>
        <li class="gnav-item">
          <a href="#contact">Contact<br> コンタクト </a>
        </li>
      </ul>
    </div>
  </div>
</nav>
```

図7 ハンバーガーメニューのCSS

```
.gnav-toggle {
  position: relative;
  margin-top: 12px;
}
```

ハンバーガーメニュー

```
.gnav-hidden {
  display: none;
}
```

チェックボックスなどを非表示にする

```
#gnav-open {
  display: inline-block;
  width: 30px;
  height: 22px;
  vertical-align: middle;
}
```

アイコンのスペース

```
#gnav-open span,
#gnav-open span::before,
#gnav-open span::after {
  content: '';
  position: absolute;
  height: 3px;
  width: 25px;
  border-radius: 3px;
  background: #555;
  display: block;
  cursor: pointer;
}
```

線の太さ
線の長さ

ハンバーガーの3本線をCSSで表現

```
#gnav-open span::before {
  bottom: -8px;
}
```

```
#gnav-open span::after {
  bottom: -16px;
}
```

```
#gnav-close {
  display: none;
  position: fixed;
  z-index: 90;
  top: 0;
  left: 0;
  width: 100%;
  height: 100%;
  background: #000;
  opacity: 0;
  transition: 0.3s ease-in-out;
}
```

閉じる用の薄黒箇所

```
#gnav-input:checked ~ #gnav-close {
  display: block;
  opacity: 0.5;
}
```

チェックがついたら表示させる

```
#gnav-input:checked ~ #gnav-content {
  transform: translateX(0%);
  box-shadow: 6px 0 25px rgba(0, 0, 0,
0.15);
}
```

```
#gnav-content {
  overflow: auto;
  position: fixed;
  top: 0;
  left: 0;
  z-index: 300;
  width: 70%;
  max-width: 300px;
  height: 100%;
  background: rgba(0, 0, 0, 0.8);
  transition: 0.3s ease-in-out;
  transform: translateX(-105%);
}
```

メニューの中身

画面外側に隠しておく

```
.gnav-menu {
  display: flex;
  flex-direction: column;
  align-items: center;
  padding-top: 50px;
  text-transform: uppercase;
}
```

大文字・小文字の混在を大文字に統一する

```
.gnav-item {
  border-bottom: 2px dotted #eee;
  margin: 10px;
  padding-bottom: 20px;
}
```

```
.gnav-item a {
  color: #fff;
  font-size: 12px;
  display: block;
  width: 200px;
  text-align: center;
}
```

```
.gnav-item a::first-line {
  font-size: 16px;
  font-weight: bold;
}
```

疑似要素で1行目のスタイル指定

PC表示のCSS

次に、表示幅768px以上で適用されるPC用のCSSを見ていきます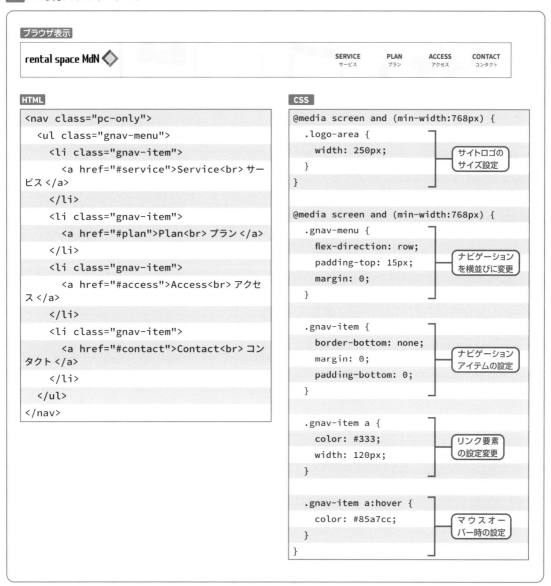❽。モバイル用のCSSからの変更点としては、次のスタイル指定になります。

- logo-area
- gnav-menu
- gnav-item

図8 PC表示のナビゲーション

ブラウザ表示

rental space MdN ◇

SERVICE サービス　PLAN プラン　ACCESS アクセス　CONTACT コンタクト

HTML

```html
<nav class="pc-only">
  <ul class="gnav-menu">
    <li class="gnav-item">
      <a href="#service">Service<br> サー
ビス </a>
    </li>
    <li class="gnav-item">
      <a href="#plan">Plan<br> プラン </a>
    </li>
    <li class="gnav-item">
      <a href="#access">Access<br> アクセ
ス </a>
    </li>
    <li class="gnav-item">
      <a href="#contact">Contact<br> コン
タクト </a>
    </li>
  </ul>
</nav>
```

CSS

```css
@media screen and (min-width:768px) {
  .logo-area {
    width: 250px;
  }
}
```
サイトロゴの
サイズ設定

```css
@media screen and (min-width:768px) {
  .gnav-menu {
    flex-direction: row;
    padding-top: 15px;
    margin: 0;
  }
```
ナビゲーション
を横並びに変更

```css
  .gnav-item {
    border-bottom: none;
    margin: 0;
    padding-bottom: 0;
  }
```
ナビゲーション
アイテムの設定

```css
  .gnav-item a {
    color: #333;
    width: 120px;
  }
```
リンク要素
の設定変更

```css
  .gnav-item a:hover {
    color: #85a7cc;
  }
}
```
マウスオー
バー時の設定

メインコンテンツを作り込む①

THEME テーマ
ここからはメインコンテンツを作り込んでいきます。サンプルサイトのメインコンテンツは主に5つの<section>で構成されていますが、まずはメインビジュアルと「レンタルスペースの紹介」ブロックを作り込みます。

メインコンテンツ内のブロックの確認

　ヘッダーに続くメインコンテンツ部分は、Lesson7-01（212ページの）で確認したように、上から順に次のような構成になっています。

- メインビジュアル
- レンタルスペースの紹介
- サービス
- ご利用プラン
- アクセス
- 「ページトップ」に戻るリンク

「ページトップ」に戻るリンク以外の5つのブロックは、<seciton>タグでマークアップされます。本節では、メインビジュアルと「レンタルスペースの紹介」について、詳しく解説していきます。

メインビジュアルの作り込み

　メインビジュアルでは写真の上にタイトルとボタンを配置します。flexboxを使ってアイテムを中央に配置する方法を見ていきます。完成イメージは図1です。

図1 メインビジュアルの完成イメージ(左:モバイル表示、右:PC表示)

　このブロックは、「見出し」「予約ボタン」「背景画像」の構成になります。作成時のポイントは、次の5つになります。

❶ <section> を flexbox(親要素)にしてレイアウトする。
❷ <button> の正しいリンク指定の方法を学ぶ。
❸ <h1>と<button>のアイテム(子要素)を中央にレイアウトする。
❹ モバイル用ではブロックが全画面表示。
❺ PC用ではブロックの高さを 600px に変更。

「メインビジュアル」の HTML

　では、まず「メインビジュアル」のHTML を見ていきます。
　<section> ～ </section> 内に <h1> と <button> の2つを記述したシンプルな HTML です **図2**。

図2 メインビジュアルのHTML

```
<section id="mv" class="mv-area">
  <h1 class="mv-title"> 気軽に利用できる <br class="sp-only"> レンタルスペース </h1>
  <button type="button" onclick="location.href='#'" class="btn btn-reserve">
Web 予約はこちら </button>
</section>
```

> モバイル表示のときだけ改行

　<button>でリンク先を指定する記述する際には <a> タグは使用しません。「<button type="button" onclick="location.href=' リンク先 URL'">Web 予約はこちら </button>」としてリンクを指定しています。

> **/ POINT**
>
> これは、W3C(HTMLの規定を定める組織)の仕様で "「<a>~</a>の中にインタラクティブコンテンツであるselect、input、buttonなどを入れてはいけない」と定められているためです。

モバイル用の CSS

　次に、モバイル用のCSSを見てみましょう。前述した 図2 の HTMLで、メインビジュアル全体を囲む <section> には class 名「mv-area」をつけていましたが、これに対して flexbox、背景画像などのスタイルを指定していきます。

　「.mv-area」では、次のスタイルを指定しています 図3 。

- 背景画像をブラウザの画面全体に表示。
- flexbox（親要素）に指定。
- アイテム（子要素である <h1> と <button>）を中央に配置。

図3 モバイル用のCSS指定

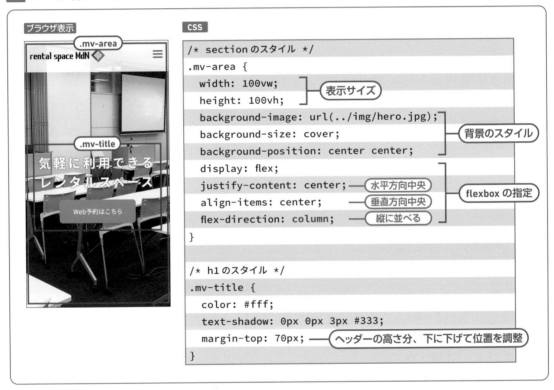

　flexboxの子要素である <h1> と <button> を「メインビジュアル」の中央に配置するために、「.mv-area」に対して「display: flex;」として、親要素の指定をします。flexbox内のアイテムに対して横方向を中央にする「justify-content: center;」と縦方向を中央にする「align-items: center;」を指定します。

　「.mv-title」では、タイトル文字の色（color）、写真の同色に重なった際に視認性を上げるための影（text-shadow）を指定しています。さらに前節でヘッダーを上部に固定していることから、メインビ

ジュアルの表示位置がブラウザの最上部からになっています。223ページ、**Lesson7-04**参照。
<h1>と<button>がヘッダーの高さの分だけ上に寄っているため、
「margin-top」を指定して位置調整を行っています。

PC用のCSS

　続いて、PC用のCSSを見ていきます 図4 。モバイル用からの変
更点としては、次のスタイル指定になります。

セレクタ「**.mv-area**」

- width：100vw → 100%
- height：100vh → 600px

セレクタ「**.mv-title**」

- margin-top：70px → 90px;

図4 PC用のCSS指定

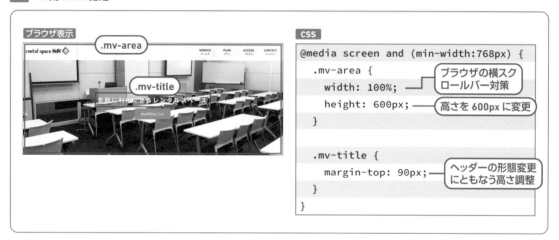

　widthの指定が100vw（viewport width）の場合、スクロールバ
を含めてのサイズになります。閲覧するブラウザによっては、ス
クロールバーの幅が影響して、横スクロールバーが表示されるこ
とがあります。widthの指定を100%にすることでスクロールバー
を含まないサイズになります。

　また、PC表示ではヘッダーの形態が変わるため、「.mv-title」の
margin-top（上のマージン）のサイズを調整しました。

> **memo**
> 幅（width）や高さ（height）の設定する
> 際の単位は「px」「%」「vw」などを使用し
> ます。一般的に横幅は「%」、高さは「px」
> 「vh」で指定することが多いです。詳し
> くは76ページ、Lesson3-05参照。

「レンタルスペースの紹介」の作り込み

　次に、メインビジュアルの下に配置される「レンタルスペースの紹介」ブロックを作り込んでいきます。このブロックはモバイルとPCで並び順を入れ替えます。図5 が完成イメージとなります。

図5 「レンタルスペースの紹介」（左：モバイル表示、右：PC表示）

　このブロックは「見出し」「紹介文」「イメージ画像」で構成されています。モバイルでは、1カラムのレイアウトとなり、HTML通りの順番で表示されるようにします。PCでは2カラムとなり、画像が左側、見出しと紹介文が右側に配置されるレイアウトになります。

　作成時のポイントは、次の3つになります。

- ブラウザの横幅全体に背景色を指定する。
- コンテンツを配置するため「.inner」を使用する。
- 「flex-direction」で並び順を変更。

220ページ、**Lesson7-03**参照。

HTML の構造

　では「レンタルスペースの紹介」のHTMLを見ていきます。

　大枠のブロックは <section id="info" class="info-area"> です。ブラウザの横幅全体に背景色を入れるため「.info-area」には幅の指定をせずに、「background-color」のみ指定しています。

　<section> 〜 </section> 内の構造については、図6 図7 のようになります。

POINT

headerやsectionなどのブロック要素は、widthの指定をしなければ、自動で横幅全体に設定されます。外側（親要素）にあるbodyやdiv（wrapper）などで幅を固定しなければ、ブラウザの横100%の幅になります。ここでは、sectionの区切りを背景色を変えることで表現していますので、各sectionのclassには背景色のみ指定しています。

図6「レンタルスペースの紹介」の構造

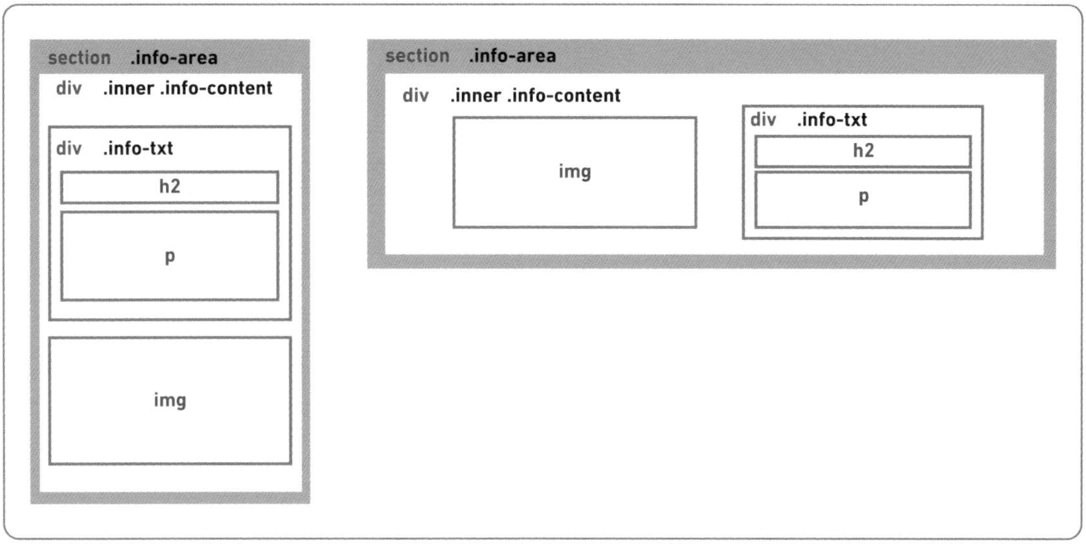

図7「レンタルスペースの紹介」のHTML

```
<section id="info" class="info-area">
  <div class="inner info-content">
    <div class="info-txt">                    ─ モバイルの時だけ改行
      <h2> 利用人数や目的に <br class="sp-only"> 合わせて選べます </h2>
      <p> レンタルスペース L7 では、利用人数や利用目的に合わせてお部屋のタイプやご利
用プランを選ぶことができます。少人数のミーティングから、100 人規模のセミナーまで広く取
り扱っております。<br>
         見学やご相談も承っておりますので、まずは、お気軽にお問い合わせください。</p>
    </div>
    <img src="img/img-info.jpg" alt=" レンタルスペース MdN ロビーの写真 ">
  </div>
</section>
```

モバイル用の CSS

モバイル用のCSSを見ていきましょう。

図7のHTMLでは、大枠の <section> の内側に <div class="inner info-content"> を記述しており、CSSでは class「.inner」で、見出しや紹介文が画面幅ギリギリに配置され可読性が失われないよう、左右に15pxの余白を設けるスタイルを指定しています図8。「.info-content」は、後述するPCで表示した際に表示順を替えるために設定しているclassです。

表示順を替えるために設定している class「.info-txt」では、見出し、紹介文のスタイルを指定しています図9。また、<h2> の改行位置をコントロールするために「<br class="sp-only">」とし、class「sp-only」を使ってモバイル時のみ改行するように指定しています。

220ページ、**Lesson7-03**参照。

233

図8 左右に余白を設ける指定

```
/* レイアウト関連 */
.inner {
  padding: 0 15px;
  margin: 0 auto;
}
```

図9 見出しと紹介文のスタイル指定

「レンタルスペースの紹介」のCSS（PC用）

続いて、PC用のCSSを見ていきます**図10**。モバイル用のCSSからの変更点としては、次のスタイル指定になります。

.info-content

- **display: flex;**：flexbox（親要素）に指定
- **flex-direction:**、**row-reverse;**：アイテムの並び順を指定
- **align-items: center;**：画像とテキストの縦位置を揃える

.info-txt（見出し、紹介文）

- **flex: 1;**：flexboxの アイテム（子要素）の割合を指定
- **margin-left: 30px;**：画像との余白を指定

.info-area img

- **flex: 1;**：flexboxのアイテム（小要素）の割合を指定

> **！ POINT**
>
> flexboxの子要素、ここでは「.info-txt」と「.info-area img」をともに「flex: 1;」とすることで左右のサイズが等しくなります。flexboxについては104ページ、Lesson4-01参照。

図10　PC表示でのレイアウト

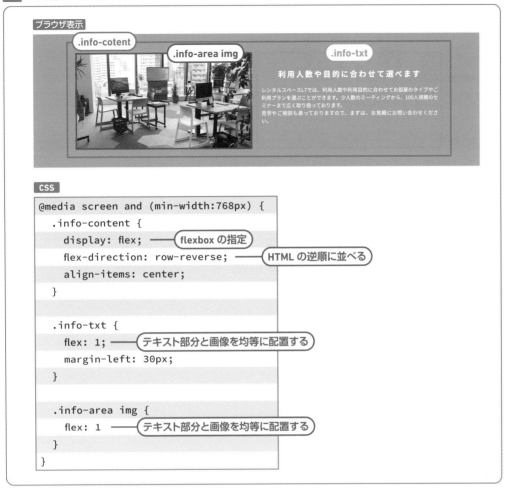

```
@media screen and (min-width:768px) {
  .info-content {
    display: flex;         ── flexbox の指定
    flex-direction: row-reverse;   ── HTML の逆順に並べる
    align-items: center;
  }

  .info-txt {
    flex: 1;           ── テキスト部分と画像を均等に配置する
    margin-left: 30px;
  }

  .info-area img {
    flex: 1            ── テキスト部分と画像を均等に配置する
  }
}
```

> **memo**
> 「.info-area img」のように半角スペースで区切られたセレクタは子孫セレクタと呼ばれるものです。図10の場合には、class名「.info-area」の中にある<img>を対象に適用されます。

Lesson7

06

240 min

メインコンテンツを作り込む②

THEME テーマ

前節に続いて、メインコンテンツの作り込みについて見ていきましょう。「サービス」「ご利用プラン」「アクセス」の3つのブロックと、メインコンテンツの最後に設置されている「ページトップ」に戻るリンクを詳しく解説していきます。

「サービス」を作り込むポイント

「サービス」のブロックは「見出し」「本文（説明文）」と4つの「サービスアイテム」で構成されています。

　個々のサービスアイテムは、「アイコン」「見出し」「サマリー」で一組です。<ul>タグと<li>タグを使い、モバイル表示では横2列（2カラム）に、PC表示では横1列（4カラム）にレイアウトしています 図1。

図1 「サービス」の完成イメージ（左：モバイル表示、右：PC表示）

作成時のポイントは、次の3つになります。

◎リストタグ（<ul><li>）で「flexbox」の指定。
◎アイテムの折返しの指定。
◎アイテムの割合を指定して並びを変える。

HTMLの構造

では「サービス」のHTMLを見ていきましょう。

大枠のブロックである <section id="service" class="service-area"> の「.service -area」には「background-color」(#fff) のみ指定しています。

<section> ～ </section>内の構造については、**図2** **図3** のようになります。

図2　「サービス」のHTML構造

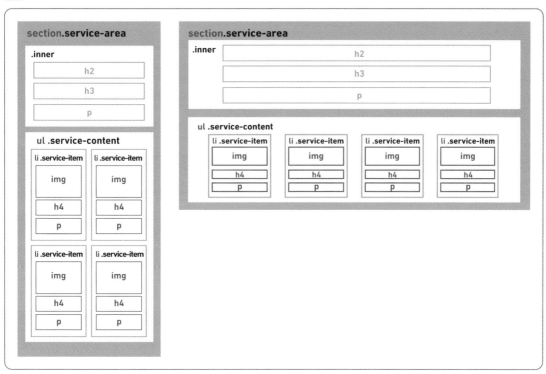

> **memo**
>
> 217ページの **図2** で解説したページ全体のスタイル調整の際に、<body>全体に背景色を#fffで指定していますので、「.service -area」での指定はなくても問題ありません。サンプルでは、背景色をつける練習として「.service -area」にもスタイルを指定しています。

図3 「サービス」のHTML

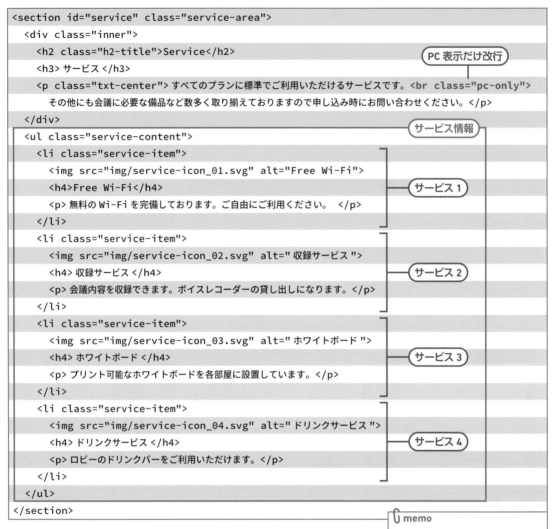

```
<section id="service" class="service-area">
  <div class="inner">
    <h2 class="h2-title">Service</h2>
    <h3> サービス </h3>
    <p class="txt-center"> すべてのプランに標準でご利用いただけるサービスです。<br class="pc-only">
      その他にも会議に必要な備品など数多く取り揃えておりますので申し込み時にお問い合わせください。</p>
  </div>
  <ul class="service-content">
    <li class="service-item">
      <img src="img/service-icon_01.svg" alt="Free Wi-Fi">
      <h4>Free Wi-Fi</h4>
      <p> 無料の Wi-Fi を完備しております。ご自由にご利用ください。 </p>
    </li>
    <li class="service-item">
      <img src="img/service-icon_02.svg" alt=" 収録サービス ">
      <h4> 収録サービス </h4>
      <p> 会議内容を収録できます。ボイスレコーダーの貸し出しになります。</p>
    </li>
    <li class="service-item">
      <img src="img/service-icon_03.svg" alt=" ホワイトボード ">
      <h4> ホワイトボード </h4>
      <p> プリント可能なホワイトボードを各部屋に設置しています。</p>
    </li>
    <li class="service-item">
      <img src="img/service-icon_04.svg" alt=" ドリンクサービス ">
      <h4> ドリンクサービス </h4>
      <p> ロビーのドリンクバーをご利用いただけます。</p>
    </li>
  </ul>
</section>
```

注記:
- PC 表示だけ改行
- サービス情報
- サービス 1
- サービス 2
- サービス 3
- サービス 4

モバイル用の CSS

　次に、モバイル用のCSSを見ていきます**図4**。

　図3で確認したHTMLの構造では、サービス情報を <ul> と 4 つ
の <li> でマークアップしていました。<ul> の class 「.service-
content」には、flexbox（親要素）の指定とflex-wrap（折返し）のス
タイルを指定します。<li> は「アイコン・見出し・サマリー」を 1
組としてグルーピングし、class 「.service-item」を使って flexbox
のアイテム（子要素）に指定しています。

> **memo**
> 前節の「レンタルスペースの紹介」と同様
> に、「サービス」ブロックや、後に続く「ご
> 利用プラン」や「アクセス」のブロックに
> もclass 「.inner」を使って左右に15pxの
> 余白を設けるスタイルが適用されていま
> す(234ページ、Lesson7-05参照)。

> **memo**
> 4つのサービスをflexboxでレイアウト
> しています。flexboxは初期値で折り返
> さない設定になっていますので、flex-
> wrapを有効にしないと横1列のレイア
> ウトになってしまいます。モバイル用は、
> 横2列 の2段 で す の で、flex-wrapを
> wrapで折返しを有効にし、PC用では、
> 横1列の1段になるよう、no-wrapで折
> り返さない指定にしています。

図4 「サービス」のモバイル表示

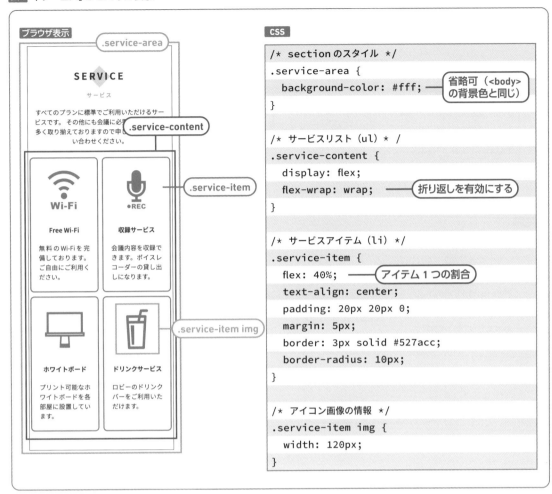

PC 用の CSS

　続いて、PC用のCSSを見ていきます 図5 。モバイル用のスタイルに上書きしているのは、次のスタイル指定になります。

セレクタ「.service-content」

- **flex-wrap: nowrap;**：折返しをしない。
- **max-width: 1200px;**：最大幅を1200pxに設定する。
- **margin: 0 auto;**：ブラウザの中央に配置する。

セレクタ「.service-item」（見出し、紹介文）

- **flex: 40%; → flex: 1;**：アイテムの割合を変更する。

図5 「サービス」のPC表示

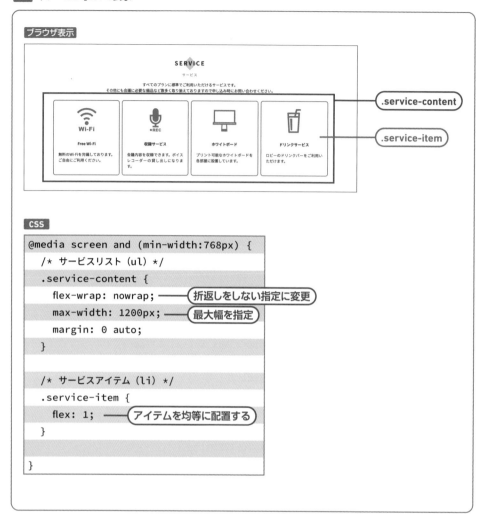

「ご利用プラン」を作り込むポイント

「ご利用プラン」のブロックでは、flexboxでのレイアウトとリストマーカー（画像）を挿入する方法を見ていきます。このブロックは、「見出し」「本文（紹介文）」、3つの「プラン情報」と「予約ボタン」で構成されています。

　プラン情報は、「画像」「見出し」「**サマリー**」「リスト」「利用金額」を一組としています。<ul>タグと<li>タグを使って、モバイル表示では横1列（1カラム）に、PC表示では横1列（3カラム）にレイアウトが変わります**図6**。

WORD サマリー

英語の「summary」。長い説明や紹介などを短くした概要、要約文のこと

図6　「ご利用プラン」の完成イメージ（左：モバイル表示、右：PC表示）

作成時のポイントは、次の3つになります。

- ●「flexbox」を使ったレイアウト。
- ●「flex-direction」で並び方向を変更する。
- ●画像を使用したリストマーカーの指定。

HTML の構造

「ご利用プラン」の構造とHTMLを見ていきます。大枠のブロックである `<section id="plan" class="plan-area">` の class「.plan-area」には「background-color」でブロック全体の背景色（#f0f0f0）のみ指定します。

図7 と **図8** が `<section>` ～ `</section>` 内の構造です。記述項目が多いため、他のブロックよりも少し長くなりますが、基本的な構造は「サービス」に近い内容になっています。

図7 「プラン」のHTML構造（左：モバイル、右：PC）

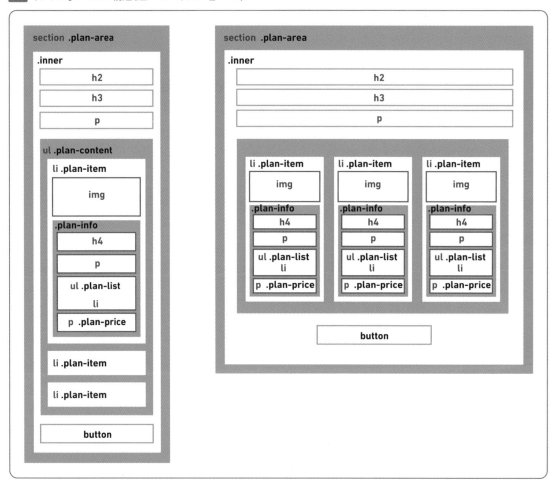

図8 「プラン」のHTML

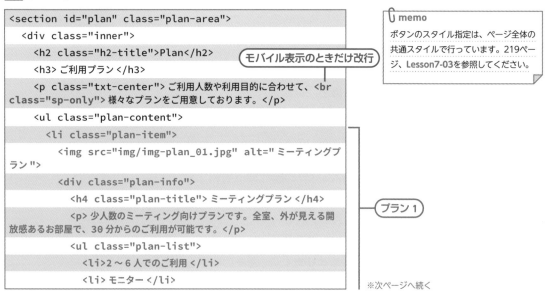

```html
<section id="plan" class="plan-area">
  <div class="inner">
    <h2 class="h2-title">Plan</h2>
    <h3> ご利用プラン </h3>
    <p class="txt-center"> ご利用人数や利用目的に合わせて、<br
class="sp-only"> 様々なプランをご用意しております。 </p>
    <ul class="plan-content">
      <li class="plan-item">
        <img src="img/img-plan_01.jpg" alt=" ミーティングプラン ">
        <div class="plan-info">
          <h4 class="plan-title"> ミーティングプラン </h4>
          <p> 少人数のミーティング向けプランです。全室、外が見える開放感あるお部屋で、30 分からのご利用が可能です。 </p>
          <ul class="plan-list">
            <li>2 ～ 6 人でのご利用 </li>
            <li> モニター </li>
```

モバイル表示のときだけ改行

memo
ボタンのスタイル指定は、ページ全体の共通スタイルで行っています。219ページ、Lesson7-03を参照してください。

プラン1

※次ページへ続く

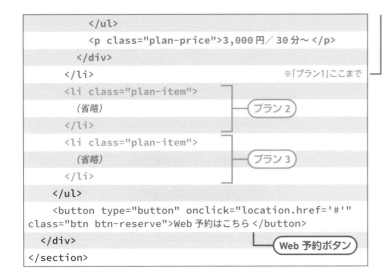

```
        </ul>
            <p class="plan-price">3,000円／30分～</p>
        </div>
    </li>                                           ※「プラン1」ここまで
    <li class="plan-item">
        (省略)                                      プラン2
    </li>
    <li class="plan-item">
        (省略)                                      プラン3
    </li>
    </ul>
    <button type="button" onclick="location.href='#'"
class="btn btn-reserve">Web予約はこちら</button>
    </div>                                          Web予約ボタン
</section>
```

memo

「サービス」と「ご利用プラン」は、flexboxを使用した同じようなレイアウトですが、HTMLの構造に若干の違いがあります。モバイル用のレイアウトで見ていきます。「サービス」(238ページの図3)は、サービス内容を横に2つ並べています。「<div class="inner">」に内包すると余白の関係で1つのサービスの幅が狭く、文字の折返しが多くなり、可読性に欠けてしまいます。そのため「<div class="inner">」と<ul>を並列にしています。一方、「ご利用プラン」図8は、1列での配置ですので、「<div class="inner">」に<ul>を内包してレイアウトしています。

モバイル用のCSS

次に、モバイル用のCSSを見ていきます図9。

図8で解説したHTMLの構造では、プラン情報を<ul>と3つの<li>でマークアップしていました。<ul>の「.plan-content」は、flexbox（親要素）の指定とflex-direction（並び方向）のスタイルを指定しています。「flex-direction: column;」で3つのプラン（<li>）を垂直方向（縦並び）に配置します。

<li>では「.plan-item」は、「画像・見出し・サマリー・内容リスト・価格」を1組としてグルーピングしています。内容リストの部分は<li>～</li>の中に、さらに<ul>～</ul>を入れてリストを作成しています。このリストでは、疑似要素の「::before」を使って🖊リストマーカー（画像）を表示しています。

POINT

「内容リスト」のリストマーカーには、::before疑似要素を使って背景画像（list-marker.svg）として読み込み、幅や高さを指定しています。::before疑似要素については218ページ、Lesson7-03も参照してください。

図9 「プラン」のモバイル表示

```
CSS（次ページへ続く）

/* sectionのスタイル */
.plan-area {
  background-color: #f0f0f0;
}

/* プランリスト (ul) */
.plan-content {
  display: flex;
  flex-direction: column;  ── 3つのプランを垂直方向に並べる
}
```

CSS（次ページの続き）

```css
/* プランアイテム (li) */
.plan-item {
  background-color: #fff;
  margin-bottom: 30px;
  box-shadow: 1px 1px 3px
#aaa;
}
```

```css
/* 写真以外の情報 */
.plan-info {
  padding: 0 15px 15px;
}
```

写真以外の情報に対して
左右に 15px の余白を指定

```css
/* プラン名 */
.plan-title {
  text-align: center;
  padding-bottom: 10px;
  border-bottom: 2px solid
#527acc;
}
```

```css
/* 利用料金 */
.plan-price {
  text-align: center;
  padding: 10px;
  border: 2px solid #527acc;
}
```

```css
/* リストマーカー */
.plan-list li::before {
  content: "";
  background: url(../img/
list-marker.svg) no-repeat;
  width: 16px;
  height: 16px;
  display: inline-block;
  vertical-align: middle;
  margin: 0 10px 3px;
}
```

疑似要素で
マーカー画像
を配置する

ブラウザ表示

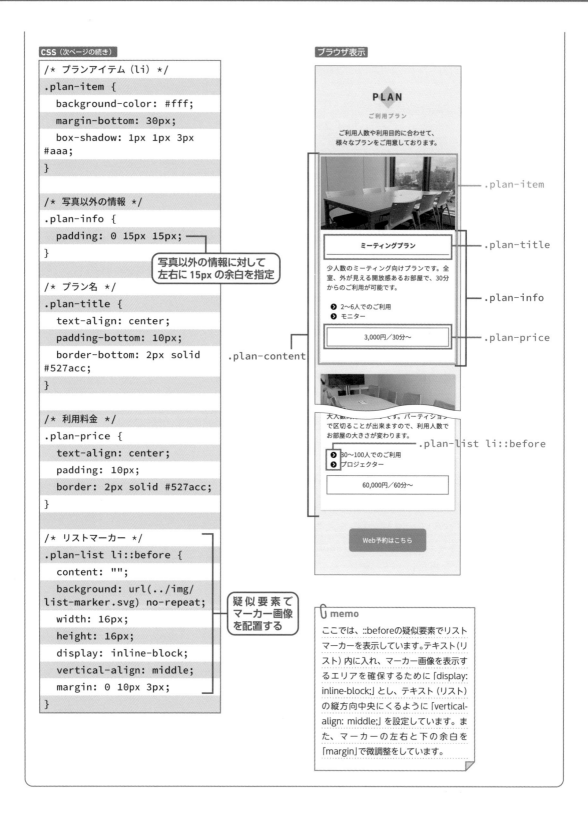

.plan-item

.plan-title

.plan-info

.plan-price

.plan-content

.plan-list li::before

> **memo**
> ここでは、::beforeの疑似要素でリスト
> マーカーを表示しています。テキスト（リ
> スト）内に入れ、マーカー画像を表示す
> るエリアを確保するために「display:
> inline-block;」とし、テキスト（リスト）
> の縦方向中央にくるように「vertical-
> align: middle;」を設定しています。ま
> た、マーカーの左右と下の余白を
> 「margin」で微調整をしています。

PC 用の CSS

続いて、PC用のCSSを見ていきます図10。モバイル用のスタイルに対して上書きする点は、次のスタイル指定になります。

セレクタ「**.plan-content**」
- **flex-direction: row;**：並び方向を垂直方向→水平方向に変更

セレクタ「**.plan-item**」（見出し、紹介文）
- **flex: 1;**：アイテムの割合を均等に指定する
- **margin**：3つのプランそれぞれの間隔を調整する

図10 「プラン」のPC表示

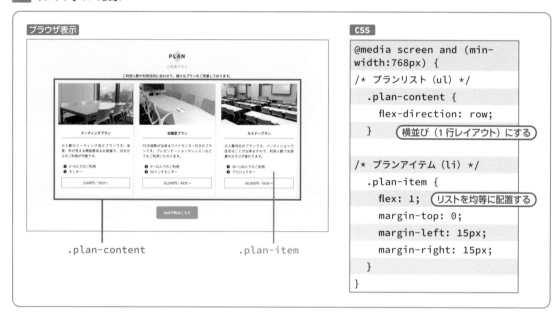

「アクセス」を作り込むポイント

「アクセス」のブロックでは、画像のレイアウトとGoogleマップ（埋め込み）を表示する方法を中心に見ていきます。

このブロックは、「見出し」「アクセス情報のテキスト」「画像」「Googleマップ」で構成されています。モバイル表示では縦1列（1カラム）、PCでは横1列（2カラム）にレイアウトしています図11。作成時のポイントは、次の2つです。

- 角版画像を丸く表示する。
- Googleマップを設置する。

図11 「アクセス」の完成イメージ（左：モバイル表示、右：PC表示）

HTMLの構造

「アクセス」のHTMLを見ていきます。

　`<section>` ～ `</section>` 内のHTMLの構造については、図12 図13 のようになります。このブロックは、これまでと違い `<section>`（Googleマップ）下の余白を設けないデザインです。ブロック全体をマークアップしている `<section id="access" class="access-area">` の「.access-area」には、`<section>` 共通で設定している余白のスタイルを消すために、後述するCSSで「padding-bottom: 0;」を指定します。

図12 「アクセス」の構造

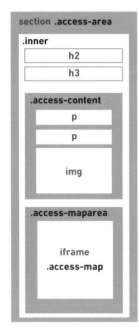
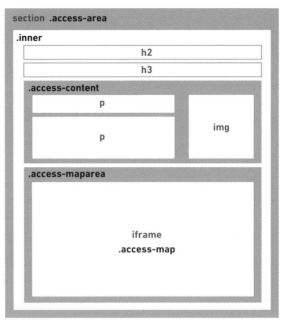

図13 「アクセス」のHTML

```html
<section id="access" class="access-area">
  <div class="inner">
    <h2 class="h2-title">Access</h2>
    <h3> アクセス </h3>
    <div class="access-content">
      <div>
        <p class="txt-lead"> 電車でお越しの場合 </p>
        <p> 神保町駅 徒歩 5 分 <br>
          神保ビルの 3F が受付になります。<br>
          北口から商店街をまっすぐ抜け、市役所を左折。徒歩 5 分。</p>
      </div>
      <img src="img/img-access.jpg" alt=" 神保ビル ">
    </div>
  </div>
  <!--GoogleMap-->
  <div class="access-maparea">
    <iframe src="https://www.google.com/maps/embed?pb=!1m18!1m12!1m3!1d32
40.2991058333905!2d139.7580929152592!3d35.69425648019131!2m3!1f0!2f0!3f0!
3m2!1i1024!2i768!4f13.1!3m3!1m2!1s0x60188c1049646ffb%3A0x7abe3f67bddf1a86
!2z44CSMTAxLTAwNTEg5p2x5Lqs6YO95Y2D5Luj55Sw55Yy656We55Sw56We5L-d55S677yR5L
iB55uu77yR77yQ77yV!5e0!3m2!1sja!2sjp!4v1571363870983!5m2!1sja!2sjp"
width="800" height="400" frameborder="0" style="border:0;"
allowfullscreen="" class="access-map"></iframe>
  </div>
  <!--/GoogleMap-->
</section>
```

アクセス情報

Google マップの埋め込みタグ

マップ情報

Googleマップのリンクは、Googleのサービス上で生成される`<iframe>`のコードを使用していますが、生成されるコードそのままではモバイル表示とPC表示でマップのサイズ調整などができません。そこで、`<iframe>` 〜 `</iframe>` を `<div class="access-maparea">`で囲み、さらに`<iframe>`には「class="access-map"」を追記して、後述するCSSで「position」「配置位置」「幅と高さ」を指定していきます。

memo

サンプルサイトのGoogleマップは、共有リンクを取得して埋め込むサービス（無料版）を利用しています。Googleマップの共有リンクを取得する方法などは、下記を参照してください。
- 他のユーザーとマップやルートを共有する（Googleマップ ヘルプ）
  https://support.google.com/maps/answer/144361

モバイル用のCSS

次に、モバイル用のCSSを見ていきます 図14 。

図14 「アクセス」のモバイル用のCSS

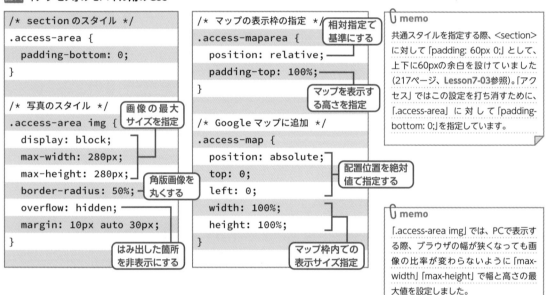

memo

共通スタイルを指定する際、`<section>`に対して「padding: 60px 0;」として、上下に60pxの余白を設けていました（217ページ、Lesson7-03参照）。「アクセス」ではこの設定を打ち消すために、「.access-area」に対して「padding-bottom: 0;」を指定しています。

memo

「.access-area img」では、PCで表示する際、ブラウザの幅が狭くなっても画像の比率が変わらないように「max-width」「max-height」で幅と高さの最大値を設定しました。

画像は、子孫セレクタ「.access-area img」（class「access-area」の下の階層にある`<img>`）を使って、次のようなスタイルを指定し、角版（四角）の素材写真を丸く表示しています 図15 。

セレクタ「.access-area img」

- **display: block;**：幅と高さを有効にする
- **border-radius: 50%;**：角丸を指定する
- **overflow: hidden;**：はみ出した部分を非表示にする

POINT

「.access-maparea」（`<iframe>`の親要素`<div>`）に対して「position: relative;」を指定した上で、「.access-map」（`<iframe>`）に「position: absolute;」を指定することで、`<ifame>`は親要素を位置の基準に「top: 0;」「left: 0;」の位置に配置されます。

「.access-maparea」（`<iframe>`を囲む`<div>`）に対しては ✏️「position: relative;」を指定し、配置の基準にします。また、マップの横幅と同じ高さにするために「padding-top: 100%;」とし、マップを表示するエリアを作っています。さらに、`<ifame>`に追記したclass

「.access-map」を対象に、「position」「配置位置」「幅と高さ」を指定しました 図16 。

図15 1点の角版画像を丸く見せる

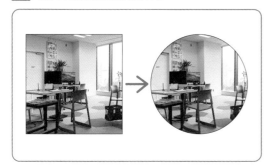

図16 Googleマップの表示調整

.access-maparea

padding-top: 100%;

横幅100%に対してのサイズ（%）

.access-map

〒101-0051 東京都千代田区神田神...
拡大地図を表示

PC用のCSS

PC用のCSSは 図17 のようになります。モバイル用のスタイルに上書きしているのは、次の変更点となります。

セレクタ「.access-content」
- **display: flex;**：flexbox でのレイアウト。
- **flex-direction: row;**：「アクセス情報」と「画像」を横並びに配置。

セレクタ「.access-maparea」
- **padding-top: 30%;**：マップの表示する高さを、ブラウザの横幅に対して30%に変更。

memo

Googleマップの埋め込みコードは、そのままではレスポンシブに対応していません。レスポンシブ対応にするために親要素（access-maparea）の高さを「height」ではなく「padding-top」または「padding-bottom」に「%」で指定することで実装できます。「%」は横幅に応じて可変しますので、モバイル用は横幅100%に対して、高さも100%で正方形になります。

図17 「アクセス」のPC表示

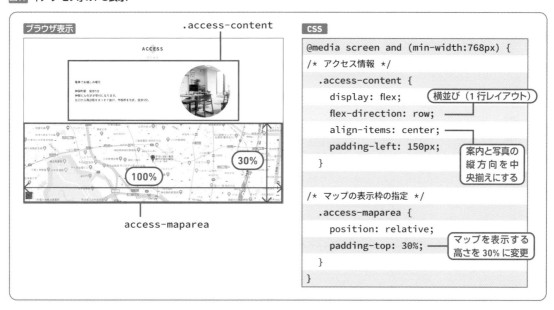

```
@media screen and (min-width:768px) {
/* アクセス情報 */
  .access-content {
    display: flex;          横並び（1行レイアウト）
    flex-direction: row;
    align-items: center;
    padding-left: 150px;    案内と写真の
  }                         縦方向を中
                            央揃えにする
/* マップの表示枠の指定 */
  .access-maparea {
    position: relative;
    padding-top: 30%;       マップを表示する
  }                         高さを30%に変更
}
```

「ページトップ」のリンクを作成する

メインコンテンツの最後に、ページの下から「ページトップ」に戻るためのリンクを作成します。

この類のページ下からページトップに戻るリンクは、リンク先に `<a href="#header">` を設定することが多いのですが、このサンプルのヘッダーはスクロールしてもページ上部に固定表示されます◯。そのため「#header」へのリンクでは意味をなさないため、リンク先は「#mv」とし、クリックするとメインビジュアルに戻るように作成します 図18。

221ページ、**Lesson7-04**参照。

図18 「ページトップ」のHTML

```
<div class="pagetop">
  <a href="#mv"> ページトップ </a>    ── メインビジュアルに戻る指定
</div>
```

「ページトップ」のCSS

CSS は 図19 のようになります。

疑似要素「::after」を使って、画像（リストマーカー）を表示しています。画像の矢印の向きを上にするために「transform: rotate(-90deg);」で反時計回りに90度回転させ、「margin」でテキストとの位置調整を行っています。

図19 完成イメージとスタイル指定

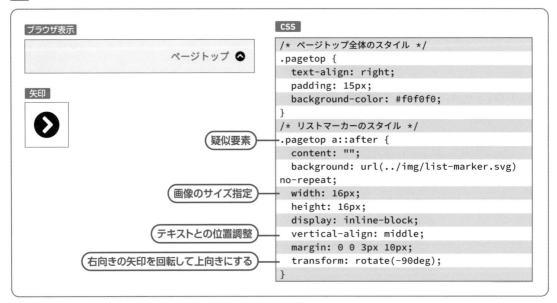

```css
/* ページトップ全体のスタイル */
.pagetop {
    text-align: right;
    padding: 15px;
    background-color: #f0f0f0;
}
/* リストマーカーのスタイル */
.pagetop a::after {
    content: "";
    background: url(../img/list-marker.svg)
no-repeat;
    width: 16px;
    height: 16px;
    display: inline-block;
    vertical-align: middle;
    margin: 0 0 3px 10px;
    transform: rotate(-90deg);
}
```

フッターを作り込む

ページの最下部に表示される「フッター」を作り込んでいきます。メインコンテンツで解説したモバイルとPCでのレイアウト変更などに比べると、フッターはHTML・CSSともにシンプルなものになっています。

「フッター」の構造を確認する

「フッター」ブロックは、「ロゴ」「メッセージ」「電話番号」「著作権表示」で構成されます。モバイル表示とPC表示で同じレイアウトになり、どちらもHTMLの順に表示されます 図1。

　このブロックでは電話番号のリンク方法がポイントになります。

図1　「フッター」の完成イメージ（左：モバイル表示、右：PC表示）

「フッター」のHTMLとCSS

　フッターのHTMLとCSSは 図2 図3 のようになります。大枠のブロックである `<footer class="foot-area">` の「.foot-area」にはフッター全体のスタイルを指定しています。

　ポイントとなる電話番号のリンクは、`<a href="tel:電話番号">`電話番号`</a>` とし、モバイル表示では電話番号のテキストリンクをタップすると通話発信できるようにします。

　この仕組みはスマートフォンなどでは便利ですが、そのままではPC表示でも動作してしまうため、PC表示ではクリックイベントを無効化します。

> **！ POINT**
>
> 一部のブラウザでは、電話番号に似た数字の羅列に自動的にリンクがついてしまいます。これを回避するためにHTMLの`<head>`内に、「`<meta name="format-detection" content="telephone=no">`」を記述しています。214ページ、**Lesson7-02**参照。

図2 「フッター」のHTML

```
<footer class="foot-area">
  <div class="inner">
    <div class="logo-area foot-logo">
      <img src="img/site-logo_w.svg" alt="rental space MdN">
    </div>
    <p class="txt-center">見学やセミナーのご相談など <br class="sp-only">
お気軽にご連絡ください。</p>
    <address class="text-phone">
      TEL：<a href="tel:00-1234-5678">00-1234-5678</a>
    </address>
  </div>
  <small class="foot-area_copy">&copy; MdN Corporation.</small>
</footer>
```

- ロゴ画像
- モバイル表示だけ改行
- 通話発信リンク
- 著作権表示

図3 「フッター」のCSS

```
/* footer 全体のスタイル */
.foot-area {
  color: #fff;
  text-align: center;
  padding-top: 40px;
  background-color: #596680;
}


/* ロゴ画像のスタイル */
.foot-logo {
  margin: 0 auto 20px;
}


/* 電話番号のスタイル */
.text-phone,
.text-phone a {
  color: #fff;
  font-size: 24px;
  font-weight: 700;
  letter-spacing: 0.1em;
  margin-bottom: 40px;
}
```

```
/* 著作権表示のスタイル */
.foot-area_copy {
  color: #ccc;
  font-size: 12px;
  display: inline-block;
  width: 100%;
  padding: 10px;
  background-color: #333;
}


/* PC 用のスタイル */
@media screen and (min-width:768px) {
  a[href^="tel:"] {
    pointer-events: none;
  }
}
```

クリックイベントを無効にする
（PC では通話発信させない）

サンプルサイトはこれで完成となります。

CSS Gridを
取り入れる

ページの一部にCSS Gridを使ったサイトを作成します。本章で扱うグリッドレイアウトはCSS Grid以外の手法でも実現できるものですが、実際にサイトを作る上での、CSS Gridの使い方に触れてみましょう。

読む　　練習　　制作

Lesson8 01

全体構造を把握して実装方法を検討しよう

⏰ 60 min

THEME テーマ

写真家のポートフォリオサイトを想定した3ページのサイトをサンプルとして作成します。複数ページのサイトを制作する際には、サイトの全体像を把握したうえで、事前の設計を行うことが重要です。

■ サイトの全体像を把握する

Lesson8で制作するサンプルサイトは、写真家のポートフォリオサイトを模したものです。トップページと「Profile」「Works」の3ページで構成されます。

サンプルサイトのトップページには、サイトの顔になるキービジュアル（背景写真）とサイト名を掲載しています。「Profile」ページには簡単なプロフィール文を掲載し、「Works」ページには「display: grid;」（CSS grid）を使って写真をタイル状に並べつつ、個々の写真を拡大表示するモーダルウィンドウを実装します。

完成イメージを確認するとともに、サイト全体に共通する部分とページ固有の部分を把握しましょう 図1。

> **memo**
> Lesson8のサンプルサイトで使用している写真は、すべてWebデザイナーの小田切 美音氏に提供いただいたものです。

> **memo**
> ナビゲーションには「Profile」「Works」「Contact」の3項目が並んでいますが、Contactページは作成していないため、トップページ+2ページの、合計3ページ構成となっています。

図1 完成イメージ（モバイル表示：768px未満）

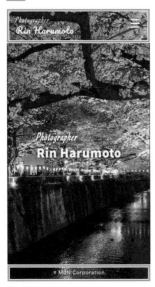

トップページ

「Profile」ページ

「Works」ページ

　ヘッダーとフッター（図1の枠で囲んだ部分）はサイト全体で共通する部分ですので、個々のページ固有の要素とは切り分けた上で、設計・実装を行う必要があります。

ブレイクポイントを設計する

　昨今はスマートフォンやタブレットの種類が増え、ディスプレイの解像度も広がる中で、設定するブレイクポイントの数も増える傾向にあります。ブレイクポイントは、絶対的な正解はないため、どの端末のどの向きからという考え方をするより、完成形としてイメージしているデザインのレイアウトに対して、どの程度のサイズまでなら横に伸びて見づらくならないかを考える必要があります。

　一般的によく使用されるブレイクポイントは640px、768px、1024pxとなり、このサンプルでは768pxを境に切り替わるブレイクポイントに設定を行います 図2 。

図2 完成イメージ（PC表示：768px以上）

トップページ

※モバイル表示と同様ヘッダーとフッターは共通です。

「Profile」ページ

「Works」ページ

Lesson8 のサンプルも、現在主流となっているレスポンシブ
Webデザインに対応したサイトをモバイルファーストで作成して
いきます。⚠️ モバイルファーストの考えでCSSを記述することで、
スマートフォンには必要のない解像度用のCSSを省くことができ、
ページの高速化につながります 図3 。

⚠️ POINT

メディアクエリを使用してmin-width:
768pxと記述すると、画面解像度が
768px以上の場合の記述となるため、
768pxに満たない解像度の端末の場合は
中身の記述は無視される形となります。

図3　768pxをブレイクポイントにしたメディアクエリの記述

```
body {
  font-size: 14px;
  letter-spacing: .065em;
  color: #292929;
}
/* 以下の記述は表示幅 768px 以上の場合だけ読み込まれる */
@media screen and (min-width: 768px) {
  body {
    font-size: 18px;
  }
}
```

サイトのディレクトリ構成を設計する

　次に 図1 の全体像をもとに、何のファイルをどのように格納す
るか、サイトのディレクトリ構成を設計しましょう。
　一般的なディレクトリ構成には大きく分けて2通りあります。
画像やCSSなどのメディアファイルを、HTMLと同一のフォルダ
に格納する方法 図4 と、もう1つは、ルート直下のimgフォルダや
cssフォルダにまとめて格納する方法 図5 です。

図4　画像やCSSをHTMLと同一フォルダに　格納した構成

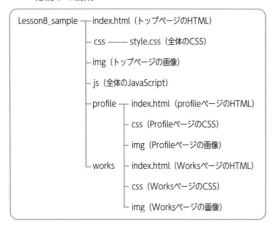

図5　画像やCSSをルート直下のCSSフォルダや　imgフォルダにまとめて格納した構成

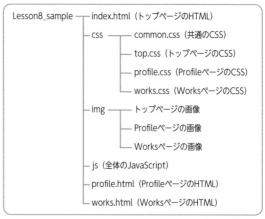

図4のディレクトリ構成は、「Profile」や「Works」など、ページごとのフォルダに必要なファイルが分けられているため、ページ（フォルダ）構成に沿ってファイルを管理することが可能になります。それに対して、図5の構成は、画像やCSSの種別でフォルダが分けられているため、HTMLに依存することなくメディアファイルを管理することが可能になります。

このサンプルでは、❗ページや画像が比較的少なくメディアごとにまとめて管理するメリットはそれほどないため、図5の構成を採用します。

❗ POINT

ページ（HTMLのファイル数）や画像の数が多い中規模〜大規模なサイトになった場合、図4のディレクトリ構成では目的の画像やCSSを探すためにサイト全体のディレクトリを探す可能性が出てきます。ディレクトリ構成は画像やCSSなどの「データ整理の仕方」でもありますので、公開後の運用・更新のことも視野に入れながら、メディアの量やサイトの規模に応じて検討しましょう。

参考：ファイル名の命名規則の指針

画像などのファイル群はパソコンの中で原則として「名前順」に並びます。大量の画像が名前順に格納された場合に「どのような命名規則にしておけば、目的の画像を迷わずに探しやすくできるか」を考えることが最適な設計につながります図6。

図6 ファイル名の付け方の例

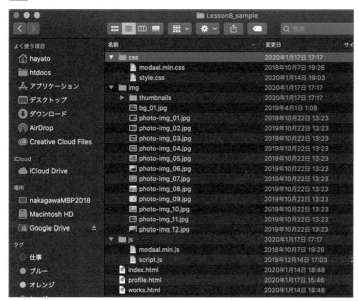

「bg_01.jpg」は背景（background）用画像とわかるファイル名にし、複数の作品画像は「photo-img _ ＋連番」で管理しています。

Lesson8

全ページで共通する部分の HTMLとCSS

THEME テーマ

サンプルサイトの全体像を把握したら、全ページで共通する部分のマークアップからはじめていきます。この時点でHTMLのベースとなるテンプレートを作成して、同じようなコードを何度も記述する手間を省きましょう。

HTMLのテンプレートを作成する

サイト全体で使用する \<head\> ～ \</head\> などを含めたソースコードを、大元のテンプレート（HTMLファイル）として作成します図1。テンプレート化する要素は次の通りです。

- \<head\> 内 の \<title\> や \<meta\>、\<link\>（CSS や JavaScript、jQuery、Google Fonts の読み込み）
- ヘッダー（ロゴ、ナビゲーション）
- フッター（コピーライト）

> **! POINT**
>
> Google FontsやjQueryの読み込みリンクは、サイトデータのディレクトリにあるファイルを読み込むのではなく、外部のサーバーに置かれたファイルを呼び出すCDN（Content Delivery Network）という形式にしています。CDNを使うことで、自分でサーバーにファイルをアップする手間やサーバーへの余分な負荷を減らし、サイト表示の高速化を行うことができます。

図1 HTMLファイルのテンプレート

```html
<!DOCTYPE html>
<html lang="ja">
<head>
<meta charset="UTF-8">
<meta name="viewport" content="width=device-width">  ── レスポンシブ対応の記述
<title>Photographer Rin Harumoto</title>  ── ページタイトル

<link href="https://fonts.googleapis.com/css?family=Not
o+Sans+JP:300,900&display=swap" rel="stylesheet">
<link href="https://fonts.googleapis.com/css?family=Rom
anesco&display=swap" rel="stylesheet">
                                                  Webフォント（Google Fonts）のCSSの読み込み
<link rel="stylesheet" href="css/style.css">  ── CSS ファイルの読み込み

<script src="https://code.jquery.com/jquery-3.4.1.min.
js" integrity="sha256-CSXorXvZcTkaix6Yvo6HppcZGetbYMGWS
FlBw8HfCJo=" crossorigin="anonymous"></script>
                                                  jQuery の読み込み
<script src="js/script.js" defer></script>  ── JavaScript ファイルの読み込み
</head>
```

```
<body>
<header class="header">
    （共通ヘッダーの記述）
</header>
<main>
    （メインコンテンツの記述）
</main>
<footer class="footer">
    （共通フッターの記述）
</footer>
</body>
</html>
```

> **memo**
> このテンプレートをベースにして、ProfileページやWorksページのHTMLファイルも作成していきます。<title>などはページごとの内容に応じて適宜書き換えましょう。

CSSをリセットする

　<link> で読み込んでいる個々のファイルについて、詳しく見ていきます。

　「style.css」の冒頭で、ブラウザがHTMLタグに対して自動で適用しているCSSのリセットを行います 図2。CSSのリセットについては、normalize.cssでリセットする手法もありますが、このサンプルはHTMLのページ数が少なく、余分はCSSは必要ないため最小限のリセットのみ行っています。

> **memo**
> 図2 のCSSのリセットでは、すべての要素が対象になる全称セレクタ「*」以外に、「*::before」「*::after」をセレクタとして記述しています。サンプルのstyle.cssの中では::before疑似要素と::after疑似要素を用いたスタイリングを行っているためです。
> 疑似要素は全称セレクタの対象外のため、このように記述しています。

図2 CSSのリセット（style.css）

```
*,
*::before,
*::after {                    ［ボックスモデルのリセット］
  box-sizing: border-box;
  margin: 0;
  border: none;               ［余白、枠線の削除］
  padding: 0;
  font: inherit;              ［フォントのリセット］
}
html, body {                  ［ページの初期の高さを画面いっぱいに設定］
  height: 100%;
}
a {
  transition: .3s ease;
  color: #292929;
}
```

```
a:hover {
  opacity: .7;
}
body {
  font-size: 14px;
  letter-spacing: .065em;
  color: #292929;
}
@media screen and (min-
width: 768px) {
  body {
    font-size: 18px;
  }
}
```
768px 以上で <body> の文字サイズを18pxに変更

```
@media screen and (min-
width: 768px) {
  .sp {
    display: none;
  }
}
.pc {
  display: none;
}
@media screen and (min-
width: 768px) {
  .pc {
    display: block;
  }
}
```
スマートフォン表示とPC表示の切り替えを行うための class

259

ヘッダーの記述とロゴ画像

<body> 内 で 全 体 共 通 と な る ヘ ッ ダ ー で は <header> ～ </header> の中に、サイトのロゴ画像とスマートフォン用のハンバーガーメニュー、ナビゲーションを記述します 図3 図4 。

図3 ヘッダーのHTML

```
<header class="header">
  <h1 class="header-logo">
    <a href="index.html">
        <!-- ロゴ画像（SVG）の記述：スマートフォン
-->
        <svg class="sp" width="151"
height="44" (省略) /></svg>
        <!-- ロゴ画像（SVG）の記述：PC -->
        <svg class="pc" width="443"
height="45" (省略) /></svg>
    </a>
  </h1>
  <button class="header-button"><span></
span></button>
  <ul class="header-nav">
    <li class="header-nav-item"><a
href="profile.html">Profile</a></li>
    <li class="header-nav-item"><a
href="works.html">Works</a></li>
    <li class="header-nav-item"><a
href="#">Contact</a></li>
  </ul>
</header>
```

<svg>～</svg>のソースは、index.html内にスマートフォン用、PC用の順で記述しています。

図4 ヘッダーのCSS

```
.header {
  display: flex; ───── ［ロゴ画像とボタンを横並びにする］
  justify-content: space-between;
  align-items: center;
  position: fixed; ───── ［上下スクロールに追従する］
  left: 0;
  top: 0;
  z-index: 20;
  padding: 20px;
  width: 100%;
}

@media screen and (min-width: 768px) {
  .header {
    padding: 30px; ───── ［PC 表示に内余白の調整］
  }
}

.header-logo {
  margin: 0;
}

@media screen and (min-width: 768px) {
  .header-logo svg {
    width: 350px;
  }
}
```

ロゴは SVG 画像となっています。ロゴはサイト全体のページタイトルになるため、<h1> でマークアップした上で、<a href="index.html"> ～ </a> でトップページへのリンクを設定します。ロゴ内のSVG画像はトップページとProfile、Worksページで色が異なるため、imgタグで配置せずにインラインで記述することで、後からCSSで色が変更できるようにしました。また、PCとスマートフォンで使用する画像が異なるため、画像を2つ用意した上で「class="sp"」「class="pc"」としてそれぞれ表示・非表示の切り替えを行っています。

> **memo**
> SVG画像は拡張子「.svg」の別ファイルとして作成し、<img>タグなどを使って読み込む方法もあります。このサンプルデータでは、同じロゴ（SVG画像）を白・黒、色違いの2パターンで表示しているので、別ファイルにしてSVG画像のファイル数が増えてしまうのを避けるため、HTML内に<svg>タグを使って直接記述してCSSで色を変える方法を用いました。

CSSではロゴとハンバーガーメニューのボタンが横並びになるよう、.headerに対して「display: flex;」を指定して左右に並ぶようにしました。また、ヘッダーはページの上下スクロール時に常時追従するよう、「position: fixed;」とします。PC表示時には上下左右の内余白（padding）を30pxに増やしました図5。

図5 ヘッダーの表示の変化（左：スマートフォン表示、右：PC表示）

ハンバーガーメニューのボタンの作成

次に、ハンバーガーメニューのボタンを作成します。ボタンは図6のように、ボタンとなる枠自体と3本の線で構成する形となります。アニメーションを付与して回転させたいので、画像ではなく<span>に背景色を使用してボタンを再現します。また、3本の線を再現するためにタグを3つ用意する必要はなく、<span>要素のbeforeとafterの疑似要素を使用して枠線を作成します。

> **memo**
> HTMLの<svg>内で数字の羅列となる部分は、紙面上は省略しています。

図6 ハンバーガーメニューのボタンの構造

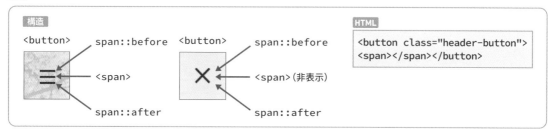

CSSは次ページの図7のようになります。ボタンの3本線のエリアだけをタップ可能な領域にすると、狭すぎて操作性が悪くなってしまうため、幅と高さを75pxとしています。その中で2本目の線が起点となるため、「display: flex;」を使って垂直方向・水平方向の中央に配置しています。

1本目と3本目の線は<span>（2本目の線）を起点にして「position: absollute;」を使って配置し、2本目の線からの位置を調整します。ボタンが×印に切り替わる際、アニメーションが適用されるようtransitionを「0.3s（0.3秒）」に設定しました。

最後に、ボタンは画面サイズが768px以上になった際には非表示にしたいため、「display: none;」で非表示にしています。

図7　ハンバーガーメニューボタンのCSS

```
.header-button {
  position: fixed;          ── スクロールに追従する
  right: 0;
  top: 0;
  display: flex;        ┐
  flex-wrap: wrap;      │
  justify-content: center;   ── 上下左右中央に配置
  align-items: center;  ┘
  border: none;
  width: 75px;
  height: 75px;
  background-color: transparent;
  color: #000;
}

@media screen and (min-width: 768px) {
  .header-button {
    display: none;           ── PC 表示では非表示にする
  }
}

.header-button span {
  display: block;
  position: relative;        ── 絶対配置の基準となる
  top: 0;
```

```
  margin: 0 auto;
  width: 24px;
  height: 3px;
  background-color: #292929;
  transition: .3s ease;
}


.header-button span::before,
.header-button span::after {
  content: ' ';
  display: block;
  position: absolute;  ┐
  left: 0;             │── 2本目の線を基
  width: 100%;         ┘   準に位置を指定
  height: 3px;
  transition: all .3s;       ── ボタンの切り
                                替わるときの
  background-color: inherit;    アニメーション
}


.header-button span::before {
  top: -9px;        ── 2 本目の線を基準に位置を指定
}
.header-button span::after {
  top: 9px;         ── 2 本目の線を基準に位置を指定
}
```

ハンバーガーメニューが開いたときの挙動

　サンプルのハンバーガーメニューのボタンをタップした際に必要になる動きは、次の2つです。

- ● ボタンを ☰ から ✕ に切り替える・／再び ☰ に切り替える
- ● ナビゲーションの表示／非表示の切り替え

　サンプルでは、この2つを同時に行うためにjQueryを用いています。ボタンをタップした際に<body>にclassが付与されたり外れたりするように、jQueryでJavaScriptを記述します。ボタン自体ではなく<body>にclassを付与することで、後述するナビゲーションも同様のclassで制御できるようになります。
　ここではハンバーガーメニューのボタン「.header-button」をクリック（click）した場合に、 ✏ <body>に対して「open」というclassを付けたり外したりする「toggleClass」という設定を行いました。

> 🗒 memo
> JavaScriptは「script.js」に記述し、HTMLの<head>内で読み込んでいます。

> ❗ POINT
> 後述する 図9 のCSSでは「body.open」として、<body>にclassが付与された状態、つまり ☰ がタップされて ✕ に切り替わった状態のスタイルを指定していきます。

図8 jQueryの記述(script.js)

```
jQuery(function ($) {
  $('.header-button').on('click', function () {
    $('body').toggleClass('open');
  });
});
```

　ボタンは ≡ の状態でタップされると、2本目の線が非表示となり、1本目と3本目の線はそれぞれ45度ずつ回転することで、 ✕ が表示される仕組みです。

　また、ボタンは後述するナビゲーションのメニューが表示された際に、メニューより上のレイヤーに配置されていなければタップできないため、z-indexを使って並び順を調整します図9。

図9 ハンバーガーメニューボタンのCSS

```
body.open .header-button {
  z-index: 30;
}
body.open .header-button span {
  width: 30px;
  background-color: transparent;  ── 2本目の線を透明にして見えなくする
}
body.open .header-button span::before,
body.open .header-button span::after {
  top: 0;  ── 回転に合わせて位置を調整
  background-color: #292929;
}
body.open .header-button span::before {
  transform: rotate(45deg);  ── 45度回転させる
}
body.open .header-button span::after {
  transform: rotate(-45deg);  ── 45度逆回転させる
}
```

ナビゲーションの作成(768px未満)

　次に、ナビゲーションを作成します。ナビゲーションは、スマートフォン表示では ≡ をタップすると画面の右側から出てくる仕組みですが、768px以上のPC表示では横並びで常時表示されるレイアウトに変わります。

　まず、「position: fixed;」で配置したのち、幅と高さを100%に設定します。次にボタンと同様に「display: flex;」で上下左右中央に配置することで、ナビゲーションの項目が増えても中央になるよ

うにしています。また、ナビゲーションはページの右側から表示されるため、スマートフォン表示でナビゲーションが非表示になる際には「transform: translateX(100%);」で画面の右側に隠れるように設定しました図10。最後に、transitionプロパティを0.3秒、加速度をeaseとしてアニメーションを設定します。

さらに、ボタンが ≡ の状態でタップされ、<body>にclass「open」が付与されたら、先ほどの「transform: translateX」を「0」にし、右側から元の位置に戻します図11。

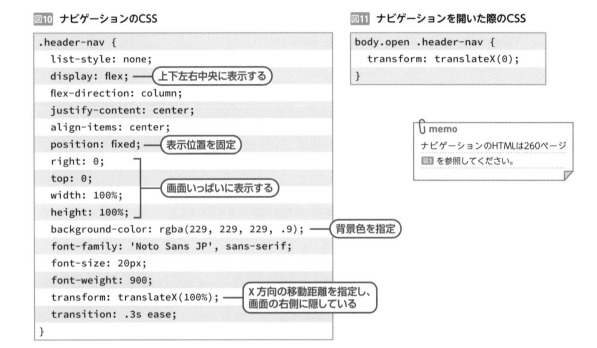

図10 ナビゲーションのCSS

```
.header-nav {
  list-style: none;
  display: flex;          ── 上下左右中央に表示する
  flex-direction: column;
  justify-content: center;
  align-items: center;
  position: fixed;        ── 表示位置を固定
  right: 0;
  top: 0;
  width: 100%;            ── 画面いっぱいに表示する
  height: 100%;
  background-color: rgba(229, 229, 229, .9);   ── 背景色を指定
  font-family: 'Noto Sans JP', sans-serif;
  font-size: 20px;
  font-weight: 900;
  transform: translateX(100%);   ── X方向の移動距離を指定し、画面の右側に隠している
  transition: .3s ease;
}
```

図11 ナビゲーションを開いた際のCSS

```
body.open .header-nav {
  transform: translateX(0);
}
```

memo
ナビゲーションのHTMLは260ページ 図3 を参照してください。

PC表示(768px以上)のスタイル指定

表示幅768px以上では、ナビゲーションが常時表示されるレイアウトに変わるため、768px未満のスタイル指定を上書きします図12。

図12 768px以上で上書きするスタイル指定

```
@media screen and (min-width: 768px) {
  .header-nav {
    position: static;
    flex-direction: row;        ── 横並びにして、水平方向右寄せて配置
    justify-content: flex-end;
    width: auto;
    height: auto;
    background-color: transparent;
    transform: none;
  }
}
```

```
@media screen and (min-width: 768px) {
  .header-nav-item:nth-child(n+2) {  ── 2番目以降の <li> が対象
    margin-top: 0;
    margin-left: 2em;  ── 左側に2文字分の余白を設定
  }
}
```

768px以上は常時表示されるレイアウトになるため、元のCSSの打ち消しを行います。背景色は不要になるため「background-color: transparent;」と指定します。さらに、横並びになるため「flex-direction: row;」に変更して、「justify-content: flex-end;」で水平方向の右寄せになるように設定します。最後に、<li>要素ごとの余白を確保するために、2個め以降「(n+2)」の要素から左に余白を取る形で疑似クラスの「nth-child(n+2)」を使用してmargin-leftを指定しています。

フッターの記述

最後に、フッターの記述を見ていきます図13 図14。

フッターはコピーライト表記のみとなるため、文字サイズと「text-align:center;」で水平方向中央寄せを行います。トップページとProfileページは上下左右中央にメインのコンテンツが入るため、「position: absolute;」と「left: 0;」bottom: 0;」で画面下部に固定しました。

図13 フッターのHTML

```
<footer class="footer">
  <p class="footer-txt">&copy; MdN Corporation.</p>
</footer>
```

図14 フッターのCSS

```
.footer {
  padding: 1em 0;
  width: 100%;
}

.top .footer,
.profile .footer {
  position: absolute;  ┐
  left: 0;             ── 画面下部に固定
  bottom: 0;           ┘
}
```

```
.footer-txt {
  font-size: 12px;
  text-align: center;  ── 水平方向中央寄せ
}
```

Lesson8

トップページ固有の HTMLとCSS

THEME テーマ 全ページで共通する部分を作成した後は、各ページ個別となるメインコンテンツなど を作り込んでいきます。トップページでは、メインイメージを背景画像として全画面 表示し、見出しを\<main\>内の上下左右中央に配置します。

\<body\>に背景画像などを設定する

トップページのメインコンテンツは、次のブロックで構成され ます 図1。

- メインイメージ（\<body\>の背景に全画面表示）
- 見出し（サイト名）

図1 トップページの固有部分の構造

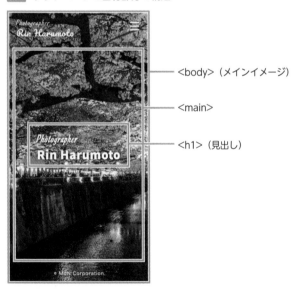

— \<body\>（メインイメージ）

— \<main\>

— \<h1\>（見出し）

トップページとProfileページには背景画像が適用されているた め、文字色を別途指定できるように\<body\>要素にclassを指定し ます 図2。トップページとProfileページは同一の写真を使用して いるため、backgroudプロパティを使用して写真を背景画像とし て読み込んでいます。

また、トップページのみ全体の文字色が白になりテキストに影が付いているため、colorとtext-shadowを指定します。同様にハンバーガーメニューのボタンも白くなるため、background-colorで色の再指定を行っています図3。

memo
トップページでは「class="top"」、profileページでは「class="profile"」を<body>に付与しています。

図2 <body>にclass名をつける

```
<body class="top">
```

図3 <body>のスタイル指定

```
body.top,
body.profile {
  background: url("../img/bg_01.jpg") no-repeat center center / cover; ── 背景画像の指定
}

body.top,
body.top a {
  color: #fff; ── 文字色の指定
  text-shadow: 0 0 6px #000; ── 文字に影を表示
}

body.top .header-button span {
  background-color: #fff; ── ボタン色を白に変更
}
```

見出しのマークアップとスタイル

<main> ～ <main>内に、<h1>を使って見出しとなるサイト名をマークアップします図4。

図4 メインコンテンツ内のHTML

```
<main>
  <h1 class="top-title"><i>Photographer</i> Rin
Harumoto</h1>
</main>
```

サイト名は画面の上下左右中央に配置するため、CSSではのように「position: absolute;」と「left: 50%; top: 50%;」を指定し、画面中央から見出しが始まるように指定を行います。その後、「transform: translate(-50%, -50%);」を指定して「見出しの幅と高さの-50%（半分）」をすることで、常に画面の中央に配置されるようになります図5。

図5 上下左右中央に配置し、transformで移動する

　見出しの文字サイズについては、8vw（viewport-width）と設定することで図7①、画面サイズが広がった場合に文字サイズも拡大縮小されるように設定することで端末の画面幅を問わずに最適な文字サイズで表示されるように指定します図6。

　ただし、8vwのままだと画面サイズに比例して永遠に文字サイズが大きくなってしまうため、768px以上は4vmaxとして画面の幅と高さのうち、値が大きい方に対する割合を指定しています図7②。最後に「Photographer」の箇所を明朝体の「'Romanesco', cursive」と指定します。

図6 表示サイズに応じて文字が拡大される

図7 <h1>の見出しに対するスタイル指定

```
.top-title {
  position: absolute;
  left: 50%;
  top: 50%;
  margin: 0;
  font-family: 'Noto Sans JP', sans-serif;
  font-size: 8vw;        ──①
  font-weight: 900;
  white-space: nowrap;
  transform: translate(-50%, -50%);
}

@media screen and (min-width: 768px) {
  .top-title {
    font-size: 4vmax;    ──②
  }
}

.top-title i {
  display: block;
  font-family: 'Romanesco', cursive;
  font-style: normal;
  font-weight: normal;
}

@media screen and (min-width: 768px) {
  .top-title i {
    display: inline;
  }
}
```

04

120 min

Profileページの
HTMLとCSS

THEME
テーマ Profileページで固有となるHTMLとCSSを詳しく見ていきます。プロフィール文は見出し他にリスト（<dl>、<dt>、<dd>）と本文でマークアップし、<main>内の上下左右中央に配置しています。

Profileページの構造

Profileページのコンテンツは、次のブロックで構成されています 図1。

● 背景イメージ（<body> に全画面表示）
● プロフィール（見出し、リスト、本文）

図1 ProfileページのHTML構造

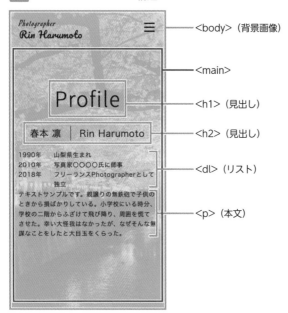

- <body>（背景画像）
- <main>
- <h1>（見出し）
- <h2>（見出し）
- <dl>（リスト）
- <p>（本文）

270 Lesson8-04 ProfileページのHTMLとCSS

背景画像とSVG画像の色を設定

Profileページはトップページと同様に <body> に背景画像を設定し、全画面で表示します。個別のCSSを適用するため、Profileページでは <body> に class「profile」を付与します図2。

また、ProfileページとWorksページはヘッダーのロゴ画像を黒で表示するため、fillプロパティで色の指定を行います図3。

図2 <body>にclass名をつける

```
<body class="profile">
```

図3 ロゴ画像の色の指定

```
.profile .header-logo path,
.works .header-logo path {
  fill: #292929;
}
```

memo
背景画像のCSS指定は、トップページと共通のものです。267ページの 図3 を参照してください。

メインコンテンツの作り込み

プロフィール部分のHTMLは図4です。

Profileページは背景画像の上に半透明の白いレイヤーを重ねて表示しています。<main> に対して「position: absolute;」で絶対配置し、幅と高さを100%を指定して表示領域いっぱいに広げたうえで、背景色に透明度を指定できるrgbaを使って「background-color: rgba(229, 229, 229, .8);」と指定します。

また、「display: flex;」を使用して中央に配置することで、トップページのときと同様にコンテンツを上下左右中央に配置します。

プロフィールのリスト部分（年表）は、全体を <dl> でマークアップし、年（<dt>）と内容（<dd>）が対になっています。<dt> に「float: left;」を指定して <dd> が右側に回り込むようにします。<dd> には「overflow: hidden;」を指定し、<dd> のテキストが長くなり2行になった場合にも行頭が <dt> の下に流れないようにしました図5。

図4 メインコンテンツのHTML

```
<main>
  <div class="article-inner">
    <h1 class="article-title">Profile</h1>
    <h2 class="article-title_sub"> 春本 凛 <span>Rin Harumoto</span></h2>
    <dl class="profile-list">
      <dt>1990 年 </dt>
      <dd> 山梨県生まれ </dd>
      <dt>2010 年 </dt>
      <dd> 写真家〇〇〇〇氏に師事 </dd>
      <dt>2018 年 </dt>
      <dd> フリーランス Photographer として独立 </dd>
    </dl>
    <p> テキストサンプルです。親譲りの無鉄砲で（省略）</p>
  </div>
</main>
```

図5 メインコンテンツのCSS

```
.profile main {
  display: flex;
  flex-direction: column;        ┐
  justify-content: center;        ├ 上下左右中央に配置
  align-items: center;           ┘
  position: absolute; ── 絶対配置の指定
  left: 0;
  top: 0;
  z-index: 10;
  width: 100%;
  height: 100%;
  background-color: rgba(229, 229, 229,
.8);
  line-height: 1.6;              表示領域いっぱい
}                                に背景色を指定

.profile .article-inner {
  max-width: 460px; ── 最大幅の指定
}

.article-title {
  margin-bottom: .5em;
  font-family: 'Noto Sans JP', sans-
serif;
  font-size: 48px;
  font-weight: 300;
  letter-spacing: .05em;
  text-align: center;
}
```

```
.article-title_sub {
  margin-bottom: 1em;
  font-size: 21px;
  text-align: center;
}

@media screen and (min-width: 768px) {
  .article-title_sub {
    font-size: 24px;
  }
}

.article-title_sub span {
  display: inline-block;
  margin-left: 1em;
  border-left: 1px solid #292929;
  padding-left: 1em;
  font-weight: normal;
}

.profile-list {}
.profile-list dt {
  clear: left;
  float: left;
  margin-right: 2em;
}

.profile-list dd {
  overflow: hidden;
}
```

Lesson8
05

Worksページの HTMLとCSS

180 min

THEME テーマ

Worksページでは写真をグリッド状に配置し、個々の写真をクリックすると拡大画像がモーダル表示されます。CSS Gridを使ったグリッドレイアウトと、jQueryプラグインを利用したモーダル表示の仕組みがポイントです。

Worksページの完成イメージ

Works ページは次のブロックで構成されています。ギャラリー部分は写真のサムネイルをグリッド状に配置し、個々のサムネイルをタップ（クリック）すると、拡大画像がモーダルウィンドウで表示されます図1。

WORD モーダルウィンドウ

親ウィンドウのサブ要素を表示する子ウィンドウ。一般的には、モーダルウィンドウを閉じない限り、親ウィンドウ側に対する操作ができないようになる。

- 見出し
- ギャラリー

図1 Workページの構造

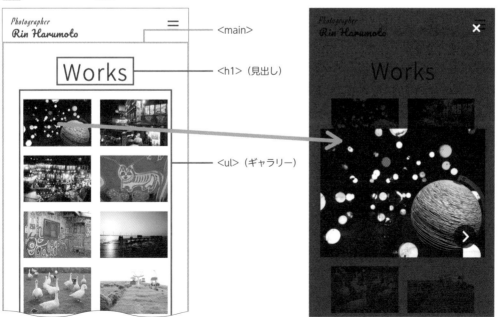

<main>

<h1>（見出し）

<ul>（ギャラリー）

写真をグリッド状に配置する

　<main>内のHTMLは図2です。ページ名を<h1>とし、ギャラリーは<ul>でマークアップしました。

　CSSでは<main>の上下にpaddingを設定してヘッダーやフッターとの間に余白を確保しています。ギャラリー部分はCSSのfloatやflexでレイアウトすることも可能ですが、サンプルでは新しいCSSプロパティである「display: grid;」を使っています。

> **memo**
> それぞれの写真を<li>でマークアップし、12点並べますが、図2 では一部の<li>を省略しています。

図2 　<main>内のHTML

```
<main>
  <h1 class="article-title">Works</h1>
  <ul class="works-list">
    <li><img src="img/thumbnails/photo-thumb_01.jpg" alt=""></li>
    <li><img src="img/thumbnails/photo-thumb_02.jpg" alt=""></li>
      （省略）
    <li><img src="img/thumbnails/photo-thumb_11.jpg" alt=""></li>
    <li><img src="img/thumbnails/photo-thumb_12.jpg" alt=""></li>
  </ul>
</main>
```

CSS Grid の仕組み

　CSS Gridを使ったグリッドレイアウトは、floatやflexと異なり、X方向（横軸）とY方向（縦軸）という2次元での指定を行う必要があります。「display: grid;」を指定してgridを有効化したら、「grid-template-columns」で列のトラックの幅を、「grid-template-rows」で行のトラックの高さを、半角スペースで区切ってそれぞれ指定します。

　スマートフォン表示のレイアウトでは画像のサイズが幅150px・高さ100pxで2列6行となるため、150pxの指定を2回、100pxの指定を6回行っています。セル同士の余白は「grid-column-gap」と「grid-row-gap」で指定しますが、サンプルではまとめて「grid-gap」で20pxを指定しています図3。

図3 　見出しとギャラリーに適用するCSS

```
.works main {
  padding: 100px 20px;
}


.works-list {
  list-style: none;
  display: -ms-grid;
```

```
  display: grid; ──── grid を有効化する
  -ms-grid-columns: 150px 20px 150px;
  grid-template-columns: 150px 150px; ──── 列のトラックの幅を指定
  -ms-grid-rows: 100px 20px 100px 20px 100px 20px 100px
20px 100px 20px 100px;
  grid-template-rows: 100px 100px 100px 100px 100px
100px; ──── 行のトラックの高さを指定
  grid-gap: 20px; ──── セル同士の余白を指定
  margin: 0 auto;
  width: 320px;
}

.works-list > li:nth-child(1) {
  -ms-grid-row: 1;
  -ms-grid-column: 1;
}
       (省略)

.works-list li img {
  display: block;
  width: 100%;
}
```

memo

ベンダープレフィックス「-ms-」の記述
については後述します。

memo

ベンダープレフィックス「-ms-」の記述
と、「li:nth-child(1)〜」の記述は、ツー
ルで自動生成しています。

➡ 277ページ、「ベンダープレフィック
スの記述」参照。

PC 表示のスタイル指定

　ブレイクポイントはここまで768pxで指定を行っていましたが、
ギャラリー部分は768pxで表示を切り替えると写真が4列表示に
なった際にはみ出してしまうため、ここでは1024pxとして列の幅
を210px、行の高さを140px、セルの余白を30pxとして再設定し
ています図4。

図4 **PC表示のグリッドの指定**

```
@media screen and (min-width: 1024px) { ──── ブレイクポイントを 1024px に設定
  .works-list {
    -ms-grid-columns: 210px 30px 210px 30px 210px 30px 210px;
    grid-template-columns: 210px 210px 210px 210px; ──── 列のトラックの幅を指定
    -ms-grid-rows: 140px 30px 140px 30px 140px;
    grid-template-rows: 140px 140px 140px; ──── 行のトラックの高さを指定
    grid-gap: 30px; ──── セル同士の余白を指定
    width: 930px;
  }

  .works-list > li:nth-child(1) {
    -ms-grid-row: 1;
    -ms-grid-column: 1;
  }
       (省略)
}
```

275

グリッドの構造を視覚化する

CSS Grid を理解しやすくするために、Web ブラウザ「Firefox」のデベロッパーツールを使ってみましょう。Firefox は以下の公式サイト（https://www.mozilla.org/ja/firefox/new/）から入手できます。

HTML ファイルを Firefox で開いたら、右クリックして「要素を調査」を選択し、Firefox のデベロッパーツールを起動します 図1 。デベロッパーツールはデフォルトでは画面下側に表示されますが、「…」ボタンで表示を切り替えることができます 図2 。

そして、「インスペクター」内の「レイアウト」タブから ul.wokrs-list の「グリッドをオーバーレイ表示」「線番号を表示」にチェックを入れると、グリッドの情報が視覚的に表示されます 図3 。

図1 デベロッパーツールの起動

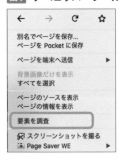

図2 デベロッパーツールの表示位置の変更

「レイアウト」タブが表示されない場合は、スライダーをクリックして表示する

図3 グリッドの情報が視覚的にわかりやすくなる

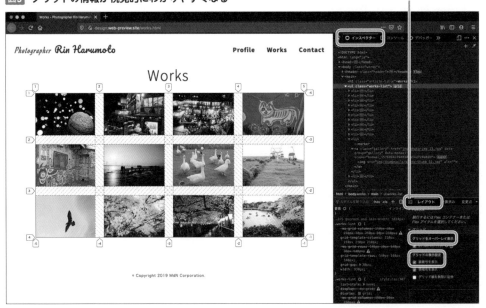

ベンダープレフィックスの記述

　CSS Gridを IE11に対応させる場合、通常の gridの指定とは別に「-ms-」から始まるベンダープレフィックスの指定を行う必要があります。gulpなどのタスクランナーで環境構築を行った上で Autoprefixerを使用しないと、個別にソースを記述していくことになるため手間がかかってしまいます◯。gulpなどを使用しない場合は、図5の Autoprefixer CSS onlineを使って、CSSをコピー＆ペーストすることと、同様の結果を得ることができます。

36ページ、**Lesson1-08**参照

図5　Autoprefixer CSS online

https://autoprefixer.github.io/

> **memo**
> 左側に現在のCSSを貼り付けることで、右側にAutoprefixserを適用した状態のCSSが出力されます。

写真のモーダル表示を設定する

　次に、画像に対してモーダル表示の設定を行います。このサンプルでは「Modaal」というjQueryプラグインを使用します。図6のダウンロードページにアクセスし、「Download ZIP」からダウンロードを行います。

　Modaal-master.zipを解凍するとファイルがたくさん入っていますが、使用するのは次の2ファイルだけです。

- ◉ dist/css/modaal.min.css
- ◉ dist/js/modaal.min.js

　これらのファイルだけを「css」フォルダと「js」フォルダにそれぞれ格納します。そして、<head>内に読み込みます図7。

図6 「Modaal」ダウンロードページ(GitHub内)

https://github.com/humaan/Modaal

図7 <head>内でプラグインファイルを読み込む(works.html)

```html
<link rel="stylesheet" href="css/modaal.min.css">
<script src="js/modaal.min.js" defer></script>
```

モーダル部分のHTML

HTMLでは、モーダルで拡大表示したい画像をリンクで設定し、「class="gallery"」を付与してjQueryでModaalが適用されるようにします。また、モーダルをギャラリーとしてグルーピングして表示させるため、ModaalのImage Galleryにサンプルに沿って、「data-group="gallery"」も記述します 図8。

図8 拡大表示する画像のリンクを記述

リンクを記述する前

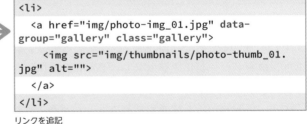

リンクを追記

モーダルウィンドウ内のハンバーガーメニューボタン

モーダルウィンドウには閉じるボタンを設置します。

ハンバーガーメニューのボタンを設定した「script.js」にモーダルの設定を追加します。「gallery」というclassに対して「modaal」という処理を実行し、表示方法のオプションは「type: 'image'」という設定となります。

ただし、「script.js」はすべてページで読み込んでいるため、

Modaalのサンプル通りに記述すると「class="gallery"」が存在しないトップページとProfileページでは図9のようなエラーが表示されてしまいます。そのため、jQueryの「each」を使用して「gallery」というclassがあった場合のみ処理を実行するという記述に変更しました図10。

図9 JavaScriptのエラー表示（ブラウザのエラーログ画面）

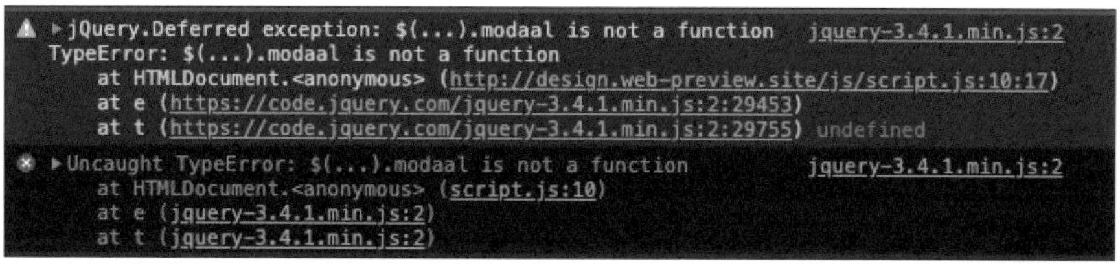

```
⚠ ▶jQuery.Deferred exception: $(...).modaal is not a function    jquery-3.4.1.min.js:2
   TypeError: $(...).modaal is not a function
     at HTMLDocument.<anonymous> (http://design.web-preview.site/js/script.js:10:17)
     at e (https://code.jquery.com/jquery-3.4.1.min.js:2:29453)
     at t (https://code.jquery.com/jquery-3.4.1.min.js:2:29755) undefined
⊗ ▶Uncaught TypeError: $(...).modaal is not a function            jquery-3.4.1.min.js:2
     at HTMLDocument.<anonymous> (script.js:10)
     at e (jquery-3.4.1.min.js:2)
     at t (jquery-3.4.1.min.js:2)
```

図10 「modaal」の処理の記述（script.js）

```
jQuery(function ($) {
  ～ハンバーガーボタンの記述～
  $('.gallery').modaal({
    type: 'image'
  });
});
```

通常のModaalの設定

```
jQuery(function ($) {
  ～ハンバーガーボタンの記述～
  $('.gallery').each(function () {
    $(this).modaal({
      type: 'image'
    });
  });
});
```

ここで変更したModaalの設定

　JavaScriptファイルのリンクを<head>内にそのまま記述すると、<head>内のデータをすべて読み込むまで<body>内の読み込みが止まってしまいます。図11のようにdefer属性（後述）を付与すると、<body>内の読み込みを止めずにjsファイルの読み込むが可能となるため、表示の高速化につながります。

図11 JavaScriptファイルのリンクの記述

```
<script src="js/modaal.min.js"></script>
<script src="js/modaal.min.js"></script>
```

通常の<script>の記述

→

```
<script src="js/modaal.min.js" defer>
</script>
<script src="js/modaal.min.js" defer>
</script>
```

defer要素を付与した記述

<script> 要素への defer 属性について

　通常 <head> 〜 </head> 内に書かれた <script> 要素は、読み込みが完了次第即座に実行されます。ただし、通信状況などによって HTML の読み込みより先に JavaScript が実行されてしまった場合に、エラーとなってしまい JavaScript が動作しない場合があります図12。

　よくある回避手段としては「<script> 要素の記述を </body> の直後に記述する」となるのですが、defer 属性を付与するとそれと同様の結果を得ることが可能です。

図12　実行タイミングによりエラーとなってしまったケース

レスポンシブ
対応サイトを作る

最後の章では複数ページで構成されたレスポンシブ対応サイトを制作します。ブレイクポイントは768pxを基本にしますが、細かな部分に別のブレイクポイントを設定し、ウィンドウサイズに応じて表示を最適化します。

読む ▷　練習 ▷　制作 ▷

01

180 min

全体構造の確認と
共通部分のHTML・CSS

THEME
テーマ

キャンプ場の紹介をテーマに、モバイルファーストで設計したレスポンシブWebデザイン対応のサイトを作成します。制作前の準備として、完成イメージや全体像を確認しながら、サイトデータのディレクトリ構成を見ていきます。

完成イメージを確認する

Lesson9では、レスポンシブWebデザインに対応したキャンプ場紹介サイトを作成します。「トップページ」「NEWSページ」「よくある質問」ページの3ページ構成です 図1。

トップページはスマートフォン表示とPC表示で大きくレイアウトが変わります。

図1 トップページ（左：モバイル表示、右：PC表示）

> ⌐ **memo**
> Lesson9のサンプルサイトで使用している写真は、すべてWebデザイナーの奥田 剛 氏に提供いただいたものです。

NEWSページは、写真と見出し・文章のブロックで構成された、一般的によく見かけるブログ形式のページに近いものです 図2 。

図2 NEWSページ(左:モバイル表示、右:PC表示)

「よくある質問」ページはシンプルな構造ですが、「Q」「A」の文字を疑似要素を使って表現しています 図3 。

図3 「よくある質問」ページ(左:モバイル表示、右:PC表示)

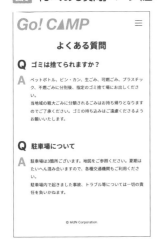

> **memo**
> ナビゲーションには「Go! CAMPについて」という項目がありますが、リンク先のページは存在しません。HTMLファイルとしてはトップページ、NEWS、よくある質問の3ページ構成になります。

作業フォルダを作成する

作業用フォルダのディレクトリ構成を見ていきます。

自分のPC上に、Webサイトを構成するデータを格納するための作業用フォルダを用意するといいでしょう。図4のディレクトリ構成となるよう、フォルダやファイルを作成していきます。

図4　作業用フォルダのディレクトリ構成

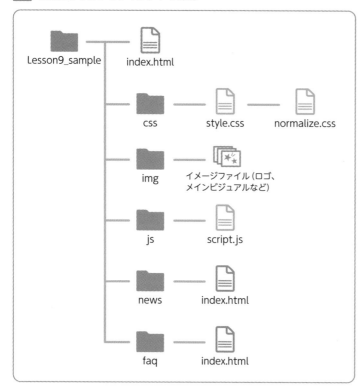

memo

制作現場では、作業用フォルダの名称を「htdocs」や「dist」などにするのが一般的です。ここでは「Lesson9_sample」というフォルダ名にしていますが、任意のフォルダ名をつけてかまいません。

続いて、画像を準備します。実際の制作では、Photoshopファイルなどで作成した完成デザインデータから必要な画像を書き出す作業を必要とします。書き出した後のものをサンプルデータ（ダウンロードデータ）の「Lesson9_sample」＞「img」フォルダ内に用意していますので、「img」フォルダごと、先ほど作成した作業用フォルダのコピーしてください。

「index.html」の作成

トップページとなるHTMLファイル「index.html」の、<html>タグ、<head>タグ、<body>タグをそれぞれマークアップし、<head>タグの中身までマークアップしたものが図5です。

　<head>タグで読み込む「normalize.css」、「script.js」も作業フォ
ルダに設置しましょう。normalize.cssはサンプルデータ内の「css」
フォルダ内に、script.jsはサンプルデータ内の「js」フォルダ内に
ありますので、作業用フォルダの「css」フォルダ、「js」フォルダに
それぞれコピーしてください。

図5　「index.html」のベースとなるHTML

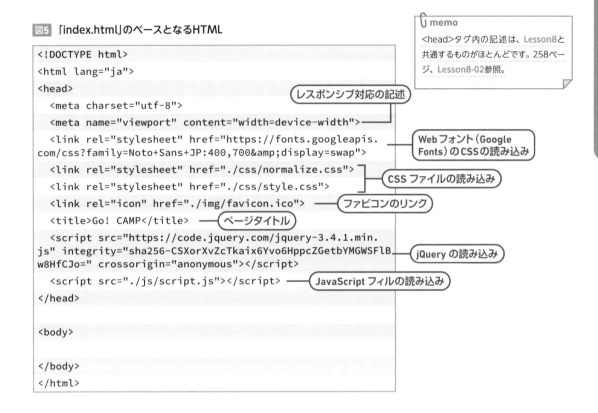

> **memo**
> <head>タグ内の記述は、Lesson8と
> 共通するものがほとんどです。258ペー
> ジ、Lesson8-02参照。

基本となるタグに適用する共通スタイル

　基本となるタグに適用するためのCSSを書いていきます。この
スタイル指定はトップページを含む全ページに共通で適用するも
ので、ファイル名を「style.css」として「css」フォルダ内に保存して
います。

　<body>タグ、<h1>〜<h6>タグ、<a>タグ、<img>タグ、<ul>
タグや一部のclassなどへ、文字サイズ、行間、余白などの指示
をしています 図6。この他、基本タグへの実際の指定については、
サンプルデータを参照してください。

285

図6 基本となるタグやセレクタへのスタイル(style.css)

```
@charset "UTF-8";
* {
  box-sizing: border-box;
}


body {
  font-size: 14px;
  line-height: 1.8;
  font-family: -apple-system,
BlinkMacSystemFont, 'Noto Sans JP', "ヒラ
ギノ角ゴ ProN W3", 'ヒラギノ角ゴ W3',
"Hiragino Kaku Gothic ProN", "メイリオ",
Meiryo, sans-serif;
  color: #333;
}


h1, h2, h3, h4 {
  line-height: 1.5;
}
```
┌─────────────────────────┐
│ 下層ページで使う見出しのスタイル │
└─────────────────────────┘
```
.heading-title {
  font-size: 28px;
  text-align: center;
  margin-bottom: 0.5em;
}


a {
  color: #75af57;
  text-decoration: none;
  transition: opacity 0.3s;
}


a:hover {
  opacity: 0.8;
}
```

```
img {
  max-width: 100%;
  height: auto;
  vertical-align: bottom;
}


ul {
  padding: 0;
  list-style: none;
}

```
┌────────────────────┐
│ コンテンツの幅の最大値 │
└────────────────────┘
```
section, article {
  max-width: 1140px;
  padding: 0 15px;
  margin: 0 auto;
}
```
┌──────────────────┐
│ 上下の余白0px、   │
│ 左右の余白を15px   │
└──────────────────┘
┌──────────────┐
│ 水平方向中央寄せ │
└──────────────┘
```
@media screen and (min-width: 768px) {
  .heading-title {
    font-size: 36px;
  }
}
```
┌──────────────┐
│ 表示幅768pxを超 │
│ えた場合のスタイル │
└──────────────┘
```
@media screen and (min-width: 992px) {
  body {
    font-size: 16px;
  }
  .heading-title {
    font-size: 48px;
  }
}
```
┌──────────────┐
│ 表示幅992pxを超 │
│ えた場合のスタイル │
└──────────────┘

ブレイクポイントの考え方

　このサンプルのブレイクポイントは768pxに設定しています。スマートフォン表示とPC表示でのレイアウトの切り替えは768pを境にしていますが、一部のCSSスタイルは992pxなどをブレイクポイントにして上書きしています。

　たとえば、**図6**では表示幅992px以上を対象に、<body>全体と見出しのフォントサイズを上書きしています。

> **memo**
> 大型ディスプレイなどで表示幅が大きく広がったときに、文章の1行が長すぎると読みづらいため、<section>や<article>に対しては幅の最大値1140pxに設定しています。<article>タグは「NEWS」ページのマークアップに使用しています。

Lesson9

02

240 min

ヘッダーとフッターの HTML・CSS

THEME テーマ

3ページ共通となるブロック、ヘッダーとフッターをHTMLとCSSで作っていきます。スマートフォンでは、ハンバーガーボタンでヘッダーのナビゲーションの表示・非表示を切り替える仕組みを、jQueryで実現します。

ヘッダーとフッターの完成イメージや構造を確認

　ヘッダーはロゴとナビゲーションで構成されています。

　スマートフォン表示(表示幅768px未満)のヘッダー部分は、左上にはロゴ、右上にはハンバーガーメニューのボタンがあります。ボタンをタップすると、ナビゲーションのメニューリストが右から左にスライドして全画面表示されます図1。ボタンをタップした際にスライドで表示される仕組みは、JavaScript (jQuery) で実装されています。

　PC表示(表示幅768px以上)ではハンバーガーメニューは非表示となり、ナビゲーションのメニューリストが等間隔で横並びに配置されるレイアウトに変わります図2。

　フッターはこのサンプルでは簡易なものになっていて、スマートフォン表示・PC表示ともに、<small>タグでマークアップしたコピーライト表記があるだけです図3。

図1　ヘッダーの構造(スマートフォン表示)

図2 ヘッダーの構造（PC表示）

図3 フッターの表示画面

© MdN Corporation.

ヘッダー部分のHTML

まず、ヘッダーを作成していきましょう。

<body> 〜 <body> の中に、<header> タグとその中身をマークアップします**図4**。

図4 ヘッダーのHTML（index.html）

```
<header>
  <a class="header-logo" href="./">
    <img src="./img/logo.svg" alt="Go! CAMP"
width="240">
  </a>
  <button class="header-button"><span class="icon"></
span></button>
  <nav class="header-gnav">
    <ul>
      <li><a href="./index.html"> トップページ </a></li>
      <li><a href="#">Go! CAMP について </a></li>
      <li><a href="./news/index.html">NEWS</a></li>
      <li><a href="./faq/index.html"> よくある質問 </a></
li>
    </ul>
  </nav>
</header>
```

╔ **memo**
ナビゲーションのメニューリストには4つのリンクが記述されていますが、そのうち「Go! CAMPについて」のページは作成しないため、「href="#"」と設定しています。

ナビゲーションの切り替えと CSS

　スマートフォン表示ではハンバーガーメニューのボタンでナビゲーションを開閉し、PC表示ではナビゲーションを横並びの配置に変更するように設定します。この部分については、**Lesson8** のサンプルと多くが共通しています○。

　ハンバーガーボタンは、**Lesson8** と同じく<span>タグと::before疑似要素・::after疑似要素を使って表現しています。ボタン部分をタップすると、「transform: translateX(100%);」によって画面外の右側に隠されて配置されている「<nav class="header-gnav"> 〜

◗ 254ページ、**Lesson8-01**参照。

</nav>」が右からスライドするかたちで表示されます。

このスライドの表現は、ボタンをタップした際にjQueryでbody要素に「open」というclassが付与され、「transform: translateX(100%);」の数値が「transform: translateX(0);」に変わることで表示されます。

そして、<nav class="header-gnav"> に設定されている「transition: .3s ease;」によって、一瞬でナビゲーションが表示されるのではなく、0.3秒の時間をかけて表示されます。

また、<nav class="header-gnav"> に「position: fixed;」が設定されているため、画面をスクロールしても固定でナビゲーションが表示されます 図5。

スマートフォン表示でのナビゲーション部分の配置については、<nav class="header-gnav"> のすぐ内側の <ul> に「display: flex;」を設定することで並ばせていますが、さらに「flex-direction: column;」を設定することで垂直方向の並びとしています。何もスタイルを設定していないのであれば要素は垂直方向に並びますが、ここで「flex-direction: column;」を設定している理由は、「justify-content: center;」をさらに設定することで、要素を垂直方向の中央に寄せる意図があります 図6。

一方、PC表示でのナビゲーション部分は、「flex-direction: row;」と設定することで垂直方向から水平方向の並びとなるように上書きし、「justify-content: flex-end;」で右端に寄せています 図7。

図5　ナビゲーションのCSS

```
.header-gnav {
  position: fixed;          ── 位置を固定
  right: 0;
  top: 0;
  text-align: center;
  width: 100%;
  height: 100%;
  background-color: rgba(255, 255, 255, 0.9);
  transform: translateX(100%);   ── 右の画面外に配置
  transition: .3s ease;     ──┐
}                              └─ 0.3 秒をかけて表示
```

図6　モバイル表示でのナビゲーション部分の配置

```
.header-gnav ul {
  margin: 0;
  height: 100%;
  display: flex;
  align-items: center;         ──┐
  flex-direction: column;      ──┴ 垂直方向に配置
  justify-content: center;     ── 中央に寄せる
}
```

図7　PC表示でのナビゲーション部分の配置

```
@media screen and (min-width: 768px) {
  .header-gnav ul {            水平方向に配置
    flex-direction: row;       ──┘
    justify-content: flex-end; ── 右端に寄せる
  }
}
```

ロゴのHTMLとCSS

ロゴは <img> タグの src 属性で、SVG画像を表示しています。SVG画像についてはimg要素として出力する場合とsvg要素として出力する場合との違いがあります 図8。

図8 SVG画像の表示方式の違い

SVG 画像の表示方法	特徴	HTML の記述量
<img> タグの src 属性で読み込む	png や jpg と同様の扱いが可能	HTML は通常の長さ
<svg> タグで直接コードを記述する	線や塗りの色をそれぞれ変えられる	HTML が長くなりがち

このサンプルではimg要素として出力していますが、このままではSVGファイルの設定によって画像が表示されない場合があります。これを避けるためには、<img> タグに width 属性または height 属性を設定するか、もしくはCSSで width または height を設定する必要があります。ここでは、HTMLで ! <img> に width 属性で「width="240"」と横幅を設定しました。

表示幅が 992px を越える PC表示では、ロゴを 240px よりも大きいサイズで表示したいので、ロゴを表示させている <img> に「width: 360px;」のCSSを指定しています 図9。

! POINT

サイズの指定は、CSSのwidthプロパティやheightプロパティを使うのが通常の方法ですが、img要素の場合はHTMLでwidth属性、height属性を設定することもあります。その際、属性値のダブルクオーテーション内には数字のみを入れ、pxなどの単位はつけません。

図9 表示幅を992px以上でロゴの表示サイズを変更(style.css)

```
@media screen and (min-width: 992px) {
  header {
    padding-top: 30px;
  }
  header .header-logo {
    flex: none;
  }
  header .header-logo img {
    width: 360px;  ──── ロゴの横幅の指定
  }
}
```

memo

図9 では割愛していますが、「display: flex;」はstyle.cssの68行目付近に

```
header {
  display: flex;
  ......
}
```

と記述しています。

ただし、このままではロゴが小さめのサイズで表示されてしまいます。header要素に「display: flex;」を指定している影響で、<img> を囲んでいる <a class="header-logo"> の幅が伸縮する設定になっているためです。

そこで、これを回避するために、<a class="header-logo"> に対して ! 「flex: none;」を設定しています。

! POINT

flex: none;は「flex: 0 0 auto;」と同じ扱いで、3つのプロパティの一括指定プロパティとなっていて、それぞれ「flex-grow」、「flex-shrink」、「flex-basis」の指定となります。flex-basisは幅の数値を入れますので、ここに360pxを入れて「flex: 0 0 360px;」とすることもできます。

フッターのHTMLとCSS

　続いて、フッター部分も作成します。<footer>タグの内側に<small>タグでコピーライト表記をマークアップします図10。CSSではマージンの指定と文字を中央揃えにする「text-align: center;」を設定しています図11。

図10　フッターのHTML（index.html）

```
<footer>
  <small>&copy; MdN Corporation.</small>
</footer>
```

図11　フッターのCSS

```
footer {
  margin: 70px 0 10px;
  text-align: center;
}
```

HTMLファイルを複製する

　このサンプルサイトではトップページと下層の2ページを制作することから、下層ページ用のHTMLファイルも必要になります。

　フッターまでマークアップを終えると、ページに共通する部分ができたことになるため、index.htmlを複製するなどして下層ページのHTMLファイルを作成してください。

　「Lesson9_sample」フォルダ直下のindex.htmlを、「faq」フォルダと「news」フォルダにそれぞれ複製しましょう。

　下層ページのHTMLファイルでは、ファイルへのパスが違うため、ロゴやナビゲーションのリンクパスを書き換えましょう図12 図13。<title>タグの変更も必要になります図14。

図12　ロゴのリンクパスの変更

`トップページ`

```
  <a class="header-logo" href="./">
    <img src="./img/logo.svg" alt="Go! CAMP" width="240">
  </a>
```

`下層ページ`

```
<a class="header-logo" href="../">
  <img src="../img/logo.svg" alt="Go! CAMP" width="240">
</a>
```

> **memo**
>
> 3つのファイルがすべてindex.htmlとなるため、一見わかりにくく思えますが、インターネット上にサイトを公開したときに必要な設定です。一般的なサーバーのWebサイトでは、「https://○○○○.com/news/index.html」と「https://○○○○○.com/news/」のurlはどちらも同じく、newsディレクトリのindex.htmlを参照する扱いになります。

図13 ナビゲーションのリンクパスの変更

`トップページ`

```
<nav class="header-gnav">
  <ul>
    <li><a href="./index.html"> トップページ </a></li>
    <li><a href="#">Go! CAMP について </a></li>
    <li><a href="./news/index.html">NEWS</a></li>
    <li><a href="./faq/index.html"> よくある質問 </a></li>
  </ul>
</nav>
```

`下層ページ`

```
<nav class="header-gnav">
  <ul>
    <li><a href="../index.html"> トップページ </a></li>
    <li><a href="#">Go! CAMP について </a></li>
    <li><a href="../news/index.html">NEWS</a></li>
    <li><a href="../faq/index.html"> よくある質問 </a></li>
  </ul>
</nav>
```

図14 <title>タグの変更

`NEWSページ`

```
<title>Go! CAMP! - NEWS</title>
```

`よくある質問`

```
<title>Go! CAMP! - よくある質問 </title>
```

Lesson9

03

240
min

トップページの
メインビジュアル作成

THEME
テーマ

ここからは各ページに固有のブロックを作成していきます。トップページでは「メインビジュアル」、「Go! CAMPについて」と「過ごし方」のコンテンツ、「NEWS」の3つが固有のブロックになります。

「メインビジュアル」の完成イメージと構造

まずは「メインビジュアル」の完成イメージとHTMLの大枠の構造を確認しましょう 図1 。

WORD メインビジュアル

Webサイトのトップページの上部中央など、いちばん目立つ箇所に設定する画像のこと。「ヒーローイメージ」と呼ぶこともある。

図1 メインビジュアルのHTML構造（左:スマートフォン表示、右:PC表示）

トップページだけのハンバーガーメニューのスタイル

メインビジュアルのHTML・CSSを見て行く前に、ヘッダーのCSSにスタイルを追加します。

トップページのスマートフォン表示では、メインビジュアルにロゴとハンバーガーメニューが重なるデザインになっています。ハンバーガーメニューのボタンが黒い背景でも目立つよう、白い線で表現します。この設定はトップページだけに必要なものです。ハンバーガーメニューに対して適用されるCSSに、トップページ固有の指定が優先されるように上書きしましょう 図2 。

図2 トップページ用ハンバーガーメニューのCSS

```
.top .icon {
  background-color: #eee;
}

.top .icon:before, .top .icon:after {
  background-color: #eee;
}

.top.open .icon {
  background-color: transparent;
}

.top.open .icon:before, .top.open .icon:after {
  background-color: #000;
}
```

CSSファイル(style.css)内では、ヘッダー用のスタイル指定の後に記述します。

> **memo**
> 図2のCSSにあるセレクタ「.top .icon」は、トップページの<body class="top">内の<span class="icon">を対象にしています。トップページ以外の<body>では異なるclassをつけているため、トップページのハンバーガーメニューだけが対象になります。

　図2のCSSでは、トップページのナビゲーションが非表示のときのハンバーガーメニューのボタンが白い線になるよう設定しました図3。

図3 ハンバーガーメニューのボタンの色

トップページ

ボタンの色は白

下層ページ

ボタンの色は黒

メインビジュアルを作成する

　メインビジュアルのHTMLとCSSを作成していきましょう。メインビジュアルに表示する画像は、CSSで <div class="hero"> 〜 </div> の背景画像として表示しています図4。

図4 backgroundプロパティの設定

HTML
```
<div class="hero">
  <h1> キャンプへ行こう！ </h1>
  <p> 自然、山、空、緑。<br> 日帰りでも楽しいキャンプ
の魅力を紹介！ </p>
</div>
```

CSS
```
.hero {
  background: url("../img/photo-hero.jpg")
no-repeat center center/cover;
  max-width: 1300px;
  height: 420px;
}
```

background-size

背景の指定は、backgroundプロパティのショートハンドを用いて、background-imageプロパティ、background-repeatプロパティなどをまとめて指定しました。途中にスラッシュ（/）が入っているのは、background-sizeプロパティを設定するための記述で、スラッシュの後ろの「cover」がbackground-sizeの指定です。

メインビジュアルとヘッダーの重ね順

トップページのスマートフォン表示では、ロゴとハンバーガーメニューがメインビジュアルに重なっている一方で、PC表示ではメインビジュアルに重なっていません。この配置を行うために、メインビジュアルを表示している `<div class="hero">` 〜 `</div>` に対して、CSSで「margin-top: -70px」とマイナスの値を指定します。

このネガティブマージンの設定を行ったとき、HTMLで兄弟要素のうち、記述順が後（下に記述している要素）のほうが重なり順が上に配置されます 図5。つまり、HTMLで先に記述しているロゴの重なり順がメインビジュアルより下になるため、このままでは隠れてしまいます。これを回避するため、`<header>` と `<div class="hero">` にそれぞれ「position: relative;」を指定し、`<header>` には「z-index: 100;」を、`<div class="hero">` には「z-index: 10;」を設定します 図6。

WORD　ネガティブマージン

CSSでマイナスの値を設定したマージン（margin）をネガティブマージンと呼ぶ。なお、パディング（padding）にはマイナスの値は設定できない。

WORD　兄弟要素

同じ親要素の中にある子要素同士を「兄弟要素」と呼ぶ。図5のHTMLでは、親要素である`<body>`に対して、ロゴを含む`<header>`とメインビジュアルを表示している`<div>`が兄弟要素という関係。

図5　ヘッダーとメインビジュアルは兄弟要素

```
<body class="top">
  <header>
    （ロゴのリンク・画像）
    （ハンバーガーメニュー）
    （ナビゲーション）
  </header>
  <div class="hero">
    <h1> キャンプへ行こう！ </h1>
    <p> 自然、山、空、緑。<br> 日帰りでも楽しいキャンプの魅力を紹介！
</p>
  </div>
    ⋮
</body>
```

（ header 〜 div class="hero" を結ぶ）兄弟要素

図6 z-indexで重ね順を指定

```
header {
  display: flex;
  justify-content: space-between;
  align-items: flex-start;
  max-width: 1300px;
  margin: 0 auto;
  padding: 20px 15px 10px;
  position: relative;
  z-index: 100;
}

.hero {
  background: url("../img/photo-hero.jpg") no-repeat
center center/cover;
  max-width: 1300px;
  height: 420px;
  margin: -70px auto 0;
  display: flex;
  justify-content: center;
  flex-direction: column;
  text-align: center;
  position: relative;
  z-index: 10;
}
```

z-index の数値で重ね順をコントロール

z-index は要素の重ね順をコントロールするためのプロパティで、設定した数値が高いほうが重ね順が上となります。ただし、このプロパティは「position」プロパティが初期値の「position: static;」以外の値でないと効果がないため、それぞれの要素を「position: relative;」としました。

> **memo**
> 重ね順をz-indexでコントロールするには、要素同士が兄弟要素であり、それぞれのpositionの値が初期値以外である必要があります。

キャッチコピーのHTMLとCSSを作成

メインビジュアル（<div class="hero"> 〜 </div>）の内側には、キャッチコピーとして<h1>タグ、<p>タグを記述しています。これらをメインビジュアルのほぼ中心に配置するために <div class="hero"> に対してCSSで配置の指定を行います 図7 。

図7 メインビジュアルのCSS

```
.hero {
  background: url("../img/photo-hero.jpg") no-repeat
center center/cover;
  max-width: 1300px;
  height: 420px;
  margin: -70px auto 0;
  display: flex;
  justify-content: center;      ── 縦並びにしつつ、垂直方向を中央寄せに
  flex-direction: column;
  text-align: center; ── 文字の揃えを水平方向中央揃えに
  position: relative;
  z-index: 10;
}
```

　まず、「display: flex;」で<div class="hero">の子要素である<h1>と<p>が並ぶようにし、並ぶ方向を「flex-direction: column;」で縦並びにしています。その上で、垂直方向の位置を中央揃えに設定するために「justify-content: center;」を設定しています。justify-content: center;は本来、左右の水平方向の位置を中央に配置するための設定ですが、flex-direction: column;で並び方が垂直方向に変更されているため、上下の垂直方向の位置が中央に配置されます。また、文字の揃えを中央揃えにするため、「text-align: center;」を設定しています。

メインビジュアルと特徴部分の重ね順

　PC表示では表示幅1300pxまで、メインビジュアルが画面サイズに合わせて縦横の比率を保ったまま広がります。表示幅が1300pxを超えるとメインビジュアルの大きさは変わらず、左右の余白だけが広がる作りです。左右の余白だけが広がる際、**図8**のように下のブロックの背景（ベージュ）がメインビジュアルに重なるようにします。

　このレイアウトを実現するため、<div class="feature">に「margin-top: -50px;」のネガティブマージンを設定してずらします。本来なら前述の「メインビジュアルとヘッダーの重ね順」を設定したときと同様、HTMLで上部に書いてある<div class="hero">のメインビジュアルが、50px分隠れてしまいますが、先ほど設定した<div class="hero">への「position: relative;」と「z-index: 10;」の指定によって、重ね順が変更されています。

297

図8 メインビジュアルが下のブロックと重なる（表示幅が1300pxを越えた場合）

要素が重なっている様子

コンテンツ部分の構造

　次に、「Go! CAMPについて」と「過ごし方」のコンテンツ部分の
HTMLを見ていきます。このブロックはスマートフォン表示とPC
表示でレイアウトが大きく変わります 図9。

　スマートフォン表示では、上から見出し、段落、リンク、画像
が縦に並んでおり、背景は白になっています。

　PC表示では、ベージュの背景色が外側にあり、内側には「見出し、
段落、リンク」の3つを囲った白背景のコンテンツと画像が並んで
います。この「見出し、段落、リンク、画像」が2セットありますが、
そのうちの1つ目の画像は右寄せで、2つ目の画像は左寄せとなっ
ていて、さらに少し画像がずれて配置されています。

`<div class="top-feature">`
　　　`<div class="top-feature_box">`

図9　コンテンツ部分の構造（左：PC表示、右：スマートフォン表示）

`<div class="top-feature">`
　　　`<div class="top-feature_box">`

コンテンツ部分のマークアップとスタイル

HTMLは「見出し、段落、リンク、画像」の順番でマークアップしていきます図10。

<div class="top-feature"> ～ </div>をレイアウト用の要素とし、その内側に<div class="top-feature_box">とimg要素を配置します。<div class="top-feature_box">の内側には<h2>タグ、<p>タグ、<a>タグをマークアップし、これを2セット作成しましょう。

スマートフォン表示でのCSSは上下の余白などがスタイルの中心となりますので、サンプルデータを参照しながら、余白や文字サイズなどを中心にCSSを書きます図11。

> **memo**
> PC表示では「Go! CAMPについて」と「過ごし方」の画像の左右の位置が逆になりますが、CSSで位置を変更しますので、マークアップの順序は変わりません。

図10 コンテンツ部分のHTML

```html
<div class="top-feature">
  <div class="top-feature_box">
    <h2>Go! CAMP について </h2>
    <p>Go! CAMP は、都心からおそよ 2 時間で行ける、アクセス抜群のキャンプ場です。（省略）</p>
    <a href="#"> 続きを読む </a>
  </div>
  <img src="./img/photo-img01.jpg" width="530"
alt="">
</div>

<div class="top-feature">
  <div class="top-feature_box">
    <h2>過ごし方 </h2>
    <p> 静かな環境を楽しむ「静謐の森」サイトでは、（省略）</p>
    <a href="#"> 続きを読む </a>
  </div>
  <img src="./img/photo-img02.jpg" width="530"
alt="">
</div>
```

図11 コンテンツ部分のCSS

```css
.top-feature {
  text-align: center;
}

.top-feature .top-feature_box {
  padding: 0 30px 20px;
}

.top-feature h2 {
  font-size: 28px;
  margin-bottom: 0.5em;
}

.top-feature p {
  text-align: left;
}

.top-feature a {
  padding-bottom: 0.2em;
  border-bottom: 2px solid #75af57;
  font-size: 18px;
}
```

PC表示のスタイルを上書きする

次に、PC表示でのCSSを書いていきます。

<div class="top-feature">に対してベージュ色のbackground-colorを設定し、「display: flex;」で横並びに配置しつつ、「justify-content: center;」で中央寄せとします図12。

図12では「align-items: flex-start;」の指定も記述しています。align-itemsを指定しない場合、左右に並んだ要素の高さが異なる

と、高いほうの要素に合わせて伸びる設定の「align-items: stretch;」が初期設定になっています。<div class="top-feature">の内側の要素は、2つの要素が横並び、かつずれて配置されていますが、「align-items: stretch;」のままだと下部に揃ってしまいますので、「align-items: flex-start;」を設定することで本来の「ずれて配置されるレイアウト」となります 図13。

図12 PC表示用に追記するコンテンツ部分のCSS

```
@media screen and (min-width: 768px) {
  .top-feature {
    display: flex;         ——— 横並びに配置
    align-items: flex-start;
    justify-content: center;  ——— 水平方向中央揃え
    text-align: left;
    background-color: #f3f2e8;  ——— 背景色「ベージュ」
    margin-top: -50px;
    padding-top: 100px;
    padding-bottom: 50px;
  }
(省略)
}
```

図13 「align-items」プロパティの設定による違いを記述した場合(左)、記述しない場合(右)

「align-items: flex-start;」を設定している表示

「align-items」を設定していない表示

　また、「display: flex;」が設定されている要素は、ブラウザのウィンドウ幅が所定のサイズ以下になった場合に、その内側の要素がウィンドウ幅いっぱいになるよう自動的に縮んでいく設定となっています。これは、「display: flex;」が設定されている要素には初期設定として「flex-wrap: stretch;」が設定されているからです。flex-wrapの指定としては、「flex-wrap: wrap;」を設定することが多いのですが、もし「flex-wrap: wrap;」を設定した場合、崩れた表示となってしまいます。図14。

図14 「flex-wrap」プロパティの設定による表示の違い

「flex-wrap」が未設定の表示

「flex-wrap: wrap;」を設定時の表示

<div class="top-feature_box"> には「background-color: #fff」として白を、余白についてはパディングを設定しています。背景色を余白込みで設定したい場合、padding（内余白）を設定する必要があるからです。<div class="top-feature_box"> とimg要素の重なりは、ネガティブマージンで設定しています。

PC表示での2つ目の <div class="top-feature"> について、内側の要素の表示位置を逆にする方法を見ていきましょう。逆にするためには、2つ目の <div class="top-feature"> に対して「flex-direction: row-reverse;」を設定するのですが、これを設定するために、✐「:last-of-type」疑似クラスを用います。:last-of-type は、兄弟要素の中で最後の要素を選択できる疑似クラスです。ここでは、「.top-feature:last-of-type」をセレクタにしており、「.top-feature」の対象となる要素が複数ある中での最後の要素、という指定となっています。疑似クラスを使うことで、別途class などを追記しなくともCSS を適用することができるのです図15。

その他のPC表示のスタイル指定については、サンプルデータを参照してください。

> **! POINT**
>
> 「:last-of-type」疑似クラスに近い挙動をするものに「:last-child」疑似クラスがあります。:last-of-typeは兄弟要素の中で、その種類のうちの最後の要素が選ばれます。たとえば、兄弟要素として<div>が2つあったら、2つ目の<p>が対象になります。
>
> 他方、:last-childは兄弟要素の中で最後の要素となり、その種類の要素が最後の要素として存在していなければ、スタイルが適用されないという結果になります。

図15 PC表示用に追記するコンテンツ部分のCSS

```
@media screen and (min-width: 768px) {
  .top-feature {
      （省略）
  }

  .top-feature .top-feature_box {
    background-color: #fff; ── 背景色「白」
    max-width: 600px;
    padding: 0 60px 30px 40px;
  }
}
```

301

図15 PC表示用に追記するコンテンツ部分のCSS（続き）

```
.top-feature img {
  margin-top: 40px;
  margin-left: -30px;
  max-width: 48vw;
}

.top-feature:last-of-type {          最後の「.top-feature」が対象
  flex-direction: row-reverse;  ——  アイテムを左右の並び順を逆にする
  padding-top: 50px;
  padding-bottom: 80px;
}
    （省略）
}
```

「NEWS」ブロックのHTMLとCSS

最後に、「NEWS」ブロックのHTMLとCSSを見ていきます。
HTMLの構造は 図16 図17 のようになっています。

「画像、日付、記事見出し」のリストがスマートフォン表示では
1列、PC表示では左右2列で配置されます。

図16 NEWS部分の構造（モバイルのブラウザ表示）

図17　NEWS部分の構造（PCのブラウザ表示）

　見出し「NEWS」は<h2>タグ、リストは<ul>タグと<li>タグでマークアップします。li要素はどの部分をクリックしてもリンクとして飛べるよう、すぐ内側を<a>タグでマークアップしています**図18**。

　CSSでは、画像部分になるimg要素を左寄せ、日付と記事見出しを右寄せに配置するため、a要素には「display: flex;」を設定し、日付（<time>）と記事見出し（<p>）は<div>タグで囲んでいます。また、img要素はウィンドウサイズが変わっても画像の幅を伸縮させないために「flex: 0 1 90px;」を設定しています**図19**。

図18　「NEWS」のHTML

```
<section>
  <h2 class="heading-title">NEWS</h2>
  <ul class="top-list">
    <li>
      <a href="./news/index.html">
        <img src="./img/photo-thumb01.
jpg" width="120" alt="">
        <div class="top-list_info">
          <time>2019 年 12 月 26 日 </time>
          <p class="top-list_title"> クリ
スマスイベントを開催しました </p>
        </div>
      </a>
    </li>
    <li>
      <a href="./news/index.html">
        <img src="./img/photo-thumb02.
jpg" width="120" alt="">
```

```
        <div class="top-list_info">
          <time>2019 年 12 月 11 日 </time>
          <p class="top-list_title"> お正
月イベントのお知らせ </p>
        </div>
      </a>
    </li>
    <li>
    (省略)
    </li>
    <li>
    (省略)
    </li>
  </ul>
</section>
```

図19 「NEWS」のCSS

```
.top-list {
  display: flex;          子要素を横並びに配置
  flex-wrap: wrap;
  margin: 0 -10px;        アイテムの折り返しあり
}
                          親要素 <ul> に対
                          して横幅 100%
.top-list li {
  width: 100%;
  padding: 0 10px;
  margin-bottom: 30px;
}


.top-list li a {
  display: flex;          子要素を横並びに配置
  align-items: center;
}
```

```
.top-list li img {
  flex: 0 1 90px;         画像の幅を指定
}


.top-list li .top-list_info {
  margin-left: 20px;
}


.top-list li time {
  font-size: 14px;
  color: #333;
}


.top-list li .top-list_title {
  margin-top: 0.25em;
  line-height: 1.4;
}
```

PC 表示のスタイル指定

　PC表示のスタイルでは、li要素を左右列とするために「width: 50%;」を設定しています**図20**。li要素の親要素であるul要素にはdisplay: flex;が設定されており、さらに「flex-wrap: wrap;」が設定されているため、ul要素の内側に収まり切らない場合は次の行へ折り返されます。このため、幅が50%のPC表示のときは1行につき2つずつ配置され、幅が100%のスマートフォン表示のときは1行につき1つずつの配置となります。

　その他のスマートフォン表示、PC表示のCSSについては、それぞれサンプルデータを参照してください。

図20 PC表示で上書きするCSS

```
@media screen and (min-width: 768px) {
  .top-list li {
    width: 50%;          親要素 <ul> に対して横幅 50%
  }
}
```

Lesson9 04 「NEWS」ページの固有部分を作成する

180min

THEME テーマ
「NEWS」ページだけに固有部分のマークアップとスタイリングを行います。NEWSページのコンテンツにはブログ記事でよく使われるタグを使っており、レイアウトもブログ形式のページによくあるものになっています。

完成イメージと構造の確認

このサンプルの「NEWS」ページは、制作現場の実務案件でブログタイプのページを制作する場合を想定して作成しました。レイアウトもブログ記事でよく見かけるものになっています図1。スマートフォン表示とPC表示との主な違いは文字サイズと余白が中心で、レイアウトはどちらも1カラムです。

> **！ POINT**
>
> ただし、PC表示では、コンテンツ幅をウィンドウサイズいっぱいにしてしまうと、長い文章では1行が長くなり可読性が下がってしまいます。そのため、コンテンツ幅は800pxに抑えつつ、要素を中央寄せにしています。

図1 「NEWS」ページの構造（モバイル表示）

図1 「NEWS」ページの構造（PC表示）

「NEWS」ページのHTML

NEWSページのHTMLファイルは、「news」フォルダ内の「index. html」です 図2。

記事部分は、全体を <article> ～ </article> 全体を囲んでいます。記事の中では、<h3>・<h4> タグ、<ul> タグ、<ol> タグ、<figure> タグ、<blockquate> タグなど、ブログ記事でよく使われる主要なタグでマークアップしています。

<article class="news-article"> の内側は、アイキャッチ画像となる <div class="news-eyecatch"> を除き、!class などをつけずにマークアップしました。

POINT

実務案件では、ブログ記事の本文部分がブログシステムなどを用いて出力されることもよくあります。こういった場合、HTMLのタグにはclass属性がついていません。classセレクタを使わないスタイリングやCSSの調整にも慣れてもらえるよう、このような作りにしてみました。

図2 「NEWS」ページのコンテンツのHTML

```
<h1 class="heading-title">NEWS</h1>
<article class="news-article">
  <div class="news-eyecatch">
    <img src="../img/photo-news01.jpg" alt="">
  </div>
  <h2> クリスマスイベントを開催しました </h2>
  <time>2019 年 12 月 26 日 </time>
  <p> クリスマスイベントを開催いたしました。(省略) </p>
  <h3> クリスマスもキャンプスタイルで。</h3>
  <p> キャンプといえば、屋外！(省略) <a href="#"> クリスマスプレゼント抽選会 </a> も大盛況となり３名の方に最新テントが当たりました。</p>
  <p> 会場にスクリーンで広大な大地を映像で流し、(省略) <strong> クリスマスキャンプ。</strong> (省略) 多くの方にご来場いただきました。</p>
  <p> ご来場アンケート結果では、人気スポットや (省略) <small> ※ 2019 年 12 月現在のデータ </small><br> ご協力いただきました皆様、誠にありがとうございました。</p>
  <h4> アンケート内容 </h4>
  <ul>
    <li> 人気都道府県 </li>
    <li> 人気シーズン </li>
    <li> お役立ち商品 </li>
  </ul>
  <h4> 人気の都道府県のアンケート結果 </h4>
  <ol>
    <li>A 県 </li>
    <li>B 県 </li>
    <li>C 県 </li>
  </ol>
  <figure><img src="../img/photo-news02.jpg" width="600" alt="">
    <figcaption> イベント開催の様子 </figcaption>
  </figure>
  <h4> クリスマスプレゼント抽選会 </h4>
  <p> キャンプ時のお役立ち小物からテントまで、(省略) </p>
  <blockquote> 次回開催予告：2020 年 1 月 3 日〜 5 日の 3 日間、お正月イベントを開催いたします。ぜひ、ふるってご参加くださいませ。</blockquote>
</article>
```

「NEWS」ページのCSS

CSSを見ていきましょう 図3 。

ol要素、ul要素は、リスト先端の数字や装飾を消してしまうことが多いのですが、記事の本文内ではそれらを使ったほうが適切な表現になりますので、表示しています。

本文内の画像は、水平方向中央になるようfigure要素に「text-algin: center;」を設定し、内側の<img>タグで表示しています。キャプションが必要な場合もあるでしょうから、画像のすぐ下にはfigcaption要素を設定しています。

図3 「NEWS」ページのコンテンツのCSS

```css
.news-article {
  margin-top: 20px;
  max-width: 800px;
}


.news-article .news-thumb {
  text-align: center; ── 画像の中央揃え
}


.news-article h2 {
  font-size: 22px;
  line-height: 1.4;
  margin-bottom: 0.5em;
}


.news-article time {
  font-size: 12px;
}


.news-article h3, .news-article h4 {
  margin-top: 2em;
  margin-bottom: 0.5em;
}


.news-article h3 {
  font-size: 19px;
}


.news-article h4 {
  font-size: 17px;
}
```

```css
.news-article figure {
  text-align: center; ── 画像の中央揃え
  margin: 0;
}


.news-article figcaption {
  font-size: 14px;
}

                                引用文の設定
.news-article blockquote {
  border-left: 5px solid #dcd6cb;
  margin-left: 0;
  padding-left: 0.8em;
}


.news-article ul, .news-article ol {
  padding-left: 1.5em;
}


.news-article ul {
  list-style: disc; ── 「・」（中黒）の表示
}


@media screen and (min-width: 768px) {
  .news-article h2 {
    font-size: 24px;
  }


  .news-article time {
    font-size: 14px;
  }
}
```

Lesson9
05

120 min

「よくある質問」ページの
固有部分を作成する

THEME
テーマ

「よくある質問」ページの固有部分を作成します。マークアップの内容やレイアウトはシンプルな作りで、PC表示でも大きくレイアウトは変化しません。疑似要素やcontentプロパティを用いたスタイリングがポイントです。

完成イメージと構造の確認

「よくある質問」ページのコンテンツ部分は **図1** のような構造になります。スマートフォン表示・PC表示ともに基本的なレイアウトは同じです。

図1　「よくある質問」ページの構造

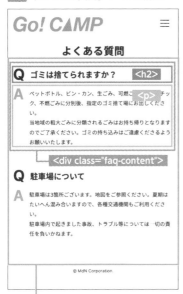

<section class="faq-section">

<section class="faq-section">

「よくある質問」ページのHTMLとCSS

HTMLファイルは「faq」フォルダ内の「index.html」になります。「NEWS」ページと同様に、スマートフォン表示とPC表示のどちらも1カラムで表示されます。PC表示では、1行が長くなりすぎ読みにくくならないよう、コンテンツ幅を800pxに抑えて、中身の要素を中央揃えに配置している点も同じです。

Q＆Aの部分は<div class="faq-content">でマークアップしています 図2。

CSSのスタイリングは余白やフォントサイズの指定が中心になっています 図3。ここでポイントとなるのは、大きいサイズの「Q」と「A」の文字のスタイリングです。「Q」と「A」はHTMLには記述せずに、:before疑似要素で実装しています。疑似要素としてcontentプロパティで「content:"Q"」と「content:"A"」を記述し、その要素に対してCSSを適用しました。

> **memo**
> Q（質問）とA（回答）のセットが複数続く内容のため、こういったブロックは<ul>タグと<li>タグでマークアップすることもあります。

図2 「よくある質問」ページのHTML

```
<h1 class="heading-title"> よくある質問 </h1>
<section class="faq-section">
  <div class="faq-content">
    <h2> ゴミは捨てられますか？ </h2>
    <p> ペットボトル、ビン・カン、生ごみ、可燃ごみ、プラスチック（省略）
</p>
  </div>
  <div class="faq-content">
    <h2> 駐車場について </h2>
    <p> 駐車場は 3 箇所ございます。地図をご参照ください。（省略）</p>
  </div>
</section>
```

図3 「よくある質問」ページのCSS

```
.faq-section {
  max-width: 800px;
}


.faq-section .faq-content {
  margin-bottom: 60px;
}


.faq-section h2, .faq-section p {
  margin-top: 1.2em;
  display: flex;  ─── 「A」「Q」とテキスト部分を横並びに
}
```

```
.faq-section h2:before, .faq-section p:before {
  font-size: 40px;
  font-weight: bold;
  line-height: 1;
  margin-top: -0.16em;         ← 上からの位置を調整
  margin-right: 15px;
}

.faq-section h2:before {
  content: "Q";                ← CSS で文字を表示
}

.faq-section p:before {
  content: "A";                ← CSS で文字を表示
  color: #4EB0B5;
}

@media screen and (min-width: 768px) {
  .faq-section h2, .faq-section p {
    margin-top: 2em;
  }

  .faq-section h2:before, .faq-section p:before {
    margin-top: -0.2em;
    font-size: 55px;
  }
}
```

:before に「margin-top: -0.16em;」とマイナスの数値を指定しているのは、h2要素やp要素に「display: flex;」を設定しているため、:before（「Q」と「A」）と、h2要素やp要素のテキストの上部が揃って表示されるのを防ぐためです 図4 。:before の上部マージンにマイナスの数値を指定して、表示位置を上に調整しています。

! POINT

「Q」や「A」は文字サイズが大きく、それに比べるとh2要素やp要素のテキストは文字サイズが小さいため、左右に並んだとき上揃えになると、見た目に美しくありません。「Q」「A」を、テキストの上部よりも少し上に配置して、見た目のバランスを整えました。

図4 「Q」と「A」の位置を調整

よくある質問

Q ゴミは捨てられますか？

A ペットボトル、ビン・カン、生ごみ、可燃ごみ、プラスチック、不燃ごみに分別後、指定のゴミ捨て場にお出しください。当地域の粗大ごみに分類されるごみはお持ち帰りとなりますの

「margin-top:」で位置調整しない表示

よくある質問

Q ゴミは捨てられますか？

A ペットボトル、ビン・カン、生ごみ、可燃ごみ、プラスチック、不燃ごみに分別後、指定のゴミ捨て場にお出しください。当地域の粗大ごみに分類されるごみはお持ち帰りとなりますのでご了承ください。ゴミの持ち込みはご遠慮くださるようお願いいたします。

「margin-top: -0.16em;」を設定した表示

Index 用語索引

Index 用語索引

Index 用語索引

おの れいこ

福岡県産フリーランスWebデザイナー。デジタルハリウッド大学非常勤講師。西南学院大学卒業後、不動産系の企業に入社。その後Web業界へ転身し、現在はWebやグラフィック制作を中心に個人やチームで活動中。その他、勉強会やイベント企画・運営等、人と人をつなげる活動も行っている。趣味は画像合成・レタッチ。苦手なものは球技全般。

Picnico：https://picnico.design/

栗谷 幸助 　（くりや・こうすけ）

福岡県久留米市生まれ。「人と人とを繋ぐ道具」としてのWebの魅力に触れ、1990年代後半にWeb業界へ。Webデザインユニットを結成し、Webの企画・デザイン・サイト運営などを手掛けながら、各地でWeb関連の講師を担当。その後、デジタルハリウッドに所属し、現在はデジタルハリウッド大学・准教授として教育・研究活動を行う。

栗谷 幸助 准教授｜デジタルハリウッド大学【DHU】
https://www.dhw.ac.jp/feature/teacher/kuriya/

相原 典佳 　（あいはら・のりよし）

都内制作会社にて百貨店のWebサイトのアシスタントディレクターを担当。その後、デジタルハリウッドにて本格的にWebデザインを学び、卒業後の2010年より個人事業主のWeb制作者として独立。デザインからフロントエンドまでを引き受ける。また、デジタルハリウッドにて講師も担当。

36度社：https://36do.jp/
Twitter：@noir44_aihara

塩谷 正樹 （しおたに・まさき）

Lesson 7執筆

福岡県福岡市城南区出身。'95年3DCGに憧れてデジタルハリウッド・スクールへ。コース終了後、CG、映像制作を経てWebの世界に。各種Webサイトや広告制作を経験し、現在はフリーでWeb制作・運営を中心に活動しながら、デジタルハリウッドほか、地域の教育や人材育成活動にも従事。

塩谷 正樹 准教授｜デジタルハリウッド大学【DHU】
https://www.dhw.ac.jp/feature/teacher/shiotani/

中川 隼人 （なかがわ・はやと）

Lesson 8執筆

制作会社で13年コーダー／ディレクターとして勤務。大規模サイト設計を得意とし、誰にでも、わかりやすく生産性の高いテンプレート設計を得意とする。教育・マネジメントも得意としており、丸一日かけて行う「ライブコーディング」も行っている。

株式会社フラット：https://wd-flat.com/

●制作スタッフ

[装丁]	西垂水 敦(krran)
[カバーイラスト]	山内庸資
[本文デザイン]	加藤万琴
[編集・DTP]	芹川 宏(ピーチプレス)

| [編集長] | 後藤憲司 |
| [担当編集] | 熊谷千春 |

初心者からちゃんとしたプロになる

HTML+CSS標準入門

2020年 3月 1日　初版第1刷発行
2023年 2月 2日　初版第4刷発行

[著 者]	おのれいこ　栗谷幸助　相原典佳　塩谷正樹　中川隼人
[発行人]	山口康夫
[発 行]	株式会社エムディエヌコーポレーション 〒101-0051　東京都千代田区神田神保町一丁目105番地 https://books.MdN.co.jp/
[発 売]	株式会社インプレス 〒101-0051　東京都千代田区神田神保町一丁目105番地
[印刷・製本]	中央精版印刷株式会社

Printed in Japan

【カスタマーセンター】
造本には万全を期しておりますが、万一、落丁・乱丁などがございましたら、送料小社負担にて
お取り替えいたします。お手数ですが、カスタマーセンターまでご返送ください。

落丁・乱丁本などのご返送先
〒101-0051　東京都千代田区神田神保町一丁目105番地
株式会社エムディエヌコーポレーション カスタマーセンター
TEL：03-4334-2915

書店・販売店のご注文受付
株式会社インプレス　受注センター
TEL：048-449-8040 ／ FAX：048-449-8041

【 内容に関するお問い合わせ先 】

株式会社エムディエヌコーポレーション
カスタマーセンター メール窓口

info@MdN.co.jp

本書の内容に関するご質問は、Eメールのみの受付となります。メールの件名は「HTML+CSS標準入門　質問係」、本
文にはお使いのマシン環境（OSとWebブラウザの種類・バージョンなど）をお書き添えください。電話やFAX、郵便
でのご質問にはお答えできません。ご質問の内容によりましては、しばらくお時間をいただく場合がございます。また、
本書の範囲を超えるご質問に関しましてはお答えいたしかねますので、あらかじめご了承ください。

ISBN978-4-8443-6971-4　　C3055